供热工程实用仿真案例详解

彭　力　编著

北　京
冶 金 工 业 出 版 社
2011

内 容 提 要

本书针对供热系统工程中的房间、楼宇、热力站建立动态模型，并给出了快速递推数值解法。同时，建立了热网的静态模型，给出了相应的拟人快速求解算法。经实际验证，同一般的矩阵求解网络相比，该算法在速度上和准确度有很大优势。本书力图克服神经网络的缺点，利用改进的神经网络对上述模型加以在线修正，取得了更加合理的结果。最后给出一个完整的供热仿真系统设计与实现案例。本书可供科研工程人员分析设计供热系统以及在校本科生和研究生学习使用。

图书在版编目(CIP)数据

供热工程实用仿真案例详解/彭力编著．—北京：冶金工业出版社，2011.2

ISBN 978-7-5024-5455-5

Ⅰ．①供… Ⅱ．①彭… Ⅲ．①供热系统—计算机仿真—案例 Ⅳ．①TU833

中国版本图书馆 CIP 数据核字(2011)第 006232 号

出 版 人 曹胜利

地　　址 北京北河沿大街嵩祝院北巷 39 号，邮编 100009

电　　话 (010)64027926 电子信箱 yjcbs@cnmip.com.cn

责任编辑 程志宏 美术编辑 李 新 版式设计 葛新霞

责任校对 卿文春 责任印制 张祺鑫

ISBN 978-7-5024-5455-5

北京百善印刷厂印刷；冶金工业出版社发行；各地新华书店经销

2011 年 2 月第 1 版，2011 年 2 月第 1 次印刷

850mm×1168mm 1/32；3.625 印张；95 千字；104 页

16.00 元

冶金工业出版社发行部 电话：(010)64044283 传真：(010)64027893

冶金书店 地址：北京东四西大街 46 号(100010) 电话：(010)65289081(兼传真)

(本书如有印装质量问题，本社发行部负责退换)

前　言

当今人类社会正在向知识经济社会过渡，可持续发展已成为各国制定战略时的普遍共识。以信息科学为核心的高新科技迅猛发展，日益成为支持生产力发展的主导因素，在这种时代背景下，仿真技术以其特有的优势及其在科研和生产实际中的巨大作用越来越受到重视，逐步展现出了巨大的应用前景。在各国科学家的努力下，仿真技术正在被不断优化改进，并向着大型化、动态分布式、智能型方向发展。基于广义模型、非导数优化、软计算、多智体系统、虚拟现实技术的智能仿真技术也应运而生。

本书充分采用了最新的仿真理论，在对动态智能仿真的理论、方法以及技术等方面做了进一步的探究，特别是结合了工程上供热大系统仿真的实际课题并开发出了符合实际的应用软件系统后，针对应用中发现的问题，又不断进行完善，并在理论创新的角度上进行新理论、新方法的研究的基础上撰写而成的。实践证明这种探索取得了很大的成功。

本书在工程上针对供热系统中的房间、楼宇、热力站建立了动态模型，并给出了快速递推数值解法。经验证该方法取得了很好的仿真效果。同时，建立了热网的静态模型，并给出了相应的拟人快速求解算法。经实际验证，同一般的矩阵求解网络相比，该算法在速度上和准确度上有很大优势。神经网络具有很好的逼近能力，但在学习速度上有所不足，本书力图克服神经网络的缺点，利用改进的神经网络对上述模型加以在线修正，取得了更加合理的结果。

供热系统优化运行是一个具有普遍意义的重要课题，研制仿真软件时，本书提出了一种供热大系统人机协同、智能结合、可视化交互的动态智能仿真系统（DISS）的总体方案。按照这个方案，提出了两级热网最经济运行模型，既保证了运行的实时性，又为供热运行提供了可靠的指导依据；研究了虚拟现实技术在系统可视化方面的应用；在涉及多数据库调用时考虑了多智体系统的运行机理，并将其应用在多数据库协同工作方面，均取得了明显的效果。

本书由江南大学物联网学院彭力教授编写，书中给出了供热大系统智能仿真系统设计与实现的应用实例和程序软件。该仿真软件为供热运行、设计、培训提供了良好的支撑平台。本书及随书软件可供研究生、本科生学习使用，也可以为科研工程人员分析设计供热系统时提供参考。

本书的编写还要特别感谢唐山市热力总公司所提供的工程背景以及余宝法和曹文权两位工程师的支持。作者的研究生赵龙、刘凯、张伟、向辉也有一定的贡献，在此一并感谢。书中的不当之处敬请读者指正。

彭　力

2010 年 11 月于无锡

目　录

引　言

人工智能是计算机科学领域中一个很重要的研究课题，是一个目前发展尚不是很深入的领域，但其应用却极其广泛，如在生物信息学、知识挖掘、故障诊断、人机界面、专家系统、过程控制、个人助理等各个方面。

“人工智能就是使机器具有人的智能”，这句话浅显易懂，却道出了人工智能研究的目标和内容。自从图灵（Tuling）1950年提出“机器能思维吗?”以及麦卡锡（Mc. Carthy）、明斯基（Minsky）等人于1956年正式提出“人工智能”一词，人工智能的研究不断在机器学习、定理证明、模式识别、问题求解、专家系统以及语言理解等多方面取得成果。特别在1969年IJ-CAI大会上，人工智能成为世界公认的一门新兴学科。

然而人工智能的实现却是一项艰难的系统工程。经过挫折与失败后人们慢慢认识到仅靠推理是不够的。知识对于实现智能更为重要，而且有启发式的知识以及具有试探性搜索的思维过程对人工智能更有帮助。随着费根鲍姆（Feigenbaum）于1977年提出知识工程概念，人工智能进行了以知识为中心的研究阶段。

计算机硬件性能的飞速发展为人工智能提供了良好物质基础，现在无人怀疑人工智能将会给人类带来巨大的好处。但目前无论是从理论上还是在实践中，它都处在初级阶段，理论体系结构还远未完善，到底要不要理论指导还尚难于定论，研究途径也存在分歧，符号主义与联结主义各有成果。有关知识的表达、推理以及理解等问题还有待于进一步研究。

虽然，人工智能有着广阔的应用前景，也有众多的专家学者、科技人员的全力投入，但当前的人工智能发展还是遇到了很大的阻碍，特别是在解决实际问题中很难发挥作用。

然而人工智能本身不失为一个很好的研究方向，如能先在仿真中得到突破，取得较好的应用，这将为下一步实际应用打下良好的基础。

大型供热系统是指某个城镇从热源到热力站再到用户，多级多实体具有严重耦合关系的热网大系统（HNLS）。热网大系统属于大系统研究的范畴，它规模庞大，针对一个城市来讲，有一个热力总公司，下辖若干个分区供热公司，每一个分公司要管理上百个热力站，每个热力站要管理、控制至少一个居民生活小区，数十栋楼房，每栋楼房又有管路，每个房间内有多个散热片。它结构复杂，对单热源供热网络可以是枝状星形网，也可以是环状网；对多热源供热，其结构可以更复杂。系统中不仅含有诸如各种各样的管道、阀门、泵、换热器等物，还包含有人，具有“人—物”、“人—人”、“物—物”之间的多种复杂关系。它功能综合，系统不仅要考虑最好地满足用户的各种需求，还要在经济上尽可能地降低成本，减少管理、运行费用及设备损耗。它因素众多，有“物”的因素，如温度控制问题涉及室外温度、风、雨、阳光等因素，还涉及室内结构、电器等因素。“人”的因素是不可忽略的因素之外，技术、经济及社会因素也是系统要考虑的因素，这些因素具有不确定性，因此系统是一个多变量、多目标、严重非线性的系统。

HNLS 的计算机控制、优化与仿真是供热系统向着大型化、复杂化发展的需要。由于大型供热系统是由若干相互耦合的环节组成的、不可分割的整体，传统的计算方法和手段无法搞清整个系统的运行机理，只有通过大系统理论的“分解—组合”方法进行模型化，即在物理上将大系统分解为若干个小系统，分别进行各子系统的模型化，再对各小系统之间的相互关联耦合进行模型化，利用关联模型将小模型联合起来，建立起大系统的广义模型。

同时，当大系统模型建立起来之后，对控制系统的优化也必须采用“分解—协调”的方法，求解大系统最优化问题，即先求出大系统分解出来的各小子系统的局部最优化，再通过“协调”在各小子系统局部最优解相互配合的基础上，求解大系统的全局最优解。

另外，在整个热力调配过程中，必然构成一种多级、多层、多段结构问题，而这种结构的处理只能通过“黑箱—白箱”的方法解决，即对高级、高层的全局性分析采用“粗粒度”，如建立全网质调节或量调节的决策优化模型，而对于低级、低层的局部分析，采用“细粒度”，如建立各个热力站、楼宇或房间的模型，从而可以对大系统的各个层次，以相应的粒度进行适当精度、适当维数的分析和综合。

热网自控系统代替手动操作已成为未来热力行业发展的必然趋势，但由于自控系统的引入使供热系统经常处于过渡状态，为避免系统运行的不稳定，设备（特别是贵重阀门）的损耗，需要研究系统的动态特性，这就需要进行各热力环节的动态仿真研究，同时这也是实现控制系统优化设计的需要，进而可以实现供热系统的优化运行。另外，使用仿真软件不仅可以对新建热网系统进行模拟运行（验证设计合理性、开展咨询），还可以指导供热系统的改造以及确定自控方案，实现供热自动控制系统的优化设计及参数整定以及对制定科学的热负荷发展计划等均有重要意义。

本书的研究内容在供热技术发达的北欧国家已经非常流行，它们很重视供热系统仿真的研究。但北欧国家的仿真软件不太适合我国国情，而且价格昂贵，直接引进难以与国内实际条件相匹配。国内清华大学等单位已开展了这方面的研究。但还没有一套完整适用的供热系统仿真软件问世。

由于热网系统不能完全用数学模型来描述，其中需要大量的经验知识乃至知识的推理，建立包含知识模型在内的广义模型不可避免，基于广义模型的仿真必然是智能仿真，当然，优化方法、控制也要采用智能优化方法和智能控制。由于HNLS是“主动系统”，即“人机系统”，在开发仿真系统时必须考虑

“人机方法”，即为了有效、合理、现实地解决大系统的控制、管理和决策问题，需要采取人机协调、结合智能的方法，发挥大系统智能控制、管理和决策技术，构成具有柔性的仿真系统。

作者在课题研究的同时，结合企业实际工况的基础上开发出了一套实用的供热系统优化运行及优化设计的仿真软件，并通过了河北省科技厅组织的科技成果鉴定，达到国内领先水平。它不仅可以为供热系统优化运行、管理及设计提供具体的指导，还可以为热网扩展、工程招标提供理论和技术支持，缩短了国内在该领域与国外先进水平之间的差距。

1 智能仿真综述

1.1 传统的系统仿真

传统系统仿真的主体要素包括系统本身、系统模型及其在计算机上的模拟。充分认识每一个要素对系统仿真的成功至关重要。由于系统是由实体、属性和活动构成，那么系统模型必须反映其主要的特性，即整体性、相关性、隶属性。按照性能相似理论建立起来的高精度数学模型的求解计算离不开现代计算工具——计算机，所以系统仿真也常被认为指的是计算机仿真。

一般认为，计算机仿真技术集成了计算机技术、网络技术、图形图像技术、面向对象技术、多媒体、软件工程、信息处理等高新技术，运用数学理论、相似原理以及相关应用领域的专业知识，以计算机和各种物理设备为工具，利用系统模型对实际或虚拟的系统进行实验研究的一门综合性技术。

系统仿真具有经济、可靠、安全、灵活、可多次重复使用等优点，已成为许多复杂系统分析、设计、试验、评估等不可缺少的重要手段。据最新数据统计，系统仿真技术是当前应用最广泛的实用技术之一。

系统仿真主要是出于为了满足对系统的研究、分析乃至进行合理的设计提出的需求。例如系统处于设计阶段，需要预测未来系统的性能；又如真实运行系统上不允许做试验或试验需要时间太长、费用太高或有危险，但仍需要获得试验数据，这时都需要通过系统仿真满足用户需要。

根据所研究对象的特征不同，系统仿真可分为连续、离散以及混杂系统仿真，根据仿真所采用模型种类不同，系统仿真可分为实物、半实物、纯数字仿真，根据仿真时间标尺不同，系统仿真可分为实时和非实时仿真，根据仿真的拓扑结构不同，系统仿真还可分为集中和分布式仿真。

1.1.1 传统系统仿真的特点

目前，系统仿真的主要特点在于：(1) 成本低、计算准，可以多次模拟复杂对象；(2) 对各种复杂系统具有很好的适应性，有利于解决随机因素的影响；(3) 更符合人们的思维习惯，由于系统仿真方法是一种非解析法，是依据所观测的数据（现实）建立的动态模型，既表达了系统的物理特征，又有其逻辑特征；(4) 既反映了系统静态性质，也反映了对象的动态性质，所以更贴近实际，也更真实，更有助于系统分析，启发人们的思想；(5) 可以帮助系统进行优化。仿真系统的一次运行，虽然只是对系统进行了一次抽样模拟，不能得到最优解，但多次重复模拟修改，反复仿真也可以间接找到系统的优化结果。

1.1.2 传统系统仿真采用的技术

1.1.2.1 建模技术

一般认为，模型可以是定量的，也可以是定性的；可以是数学的，也可以是物理的，还可以是数学物理混合的。一般采用有针对黑箱的实验方法，白箱的参数辨识方法或灰箱的综合方法。

1.1.2.2 优化技术

现在人们更加意识到对于多目标、多因素、多层次系统来说，并不存在绝对意义上的最优解，优化只是相对而言。即使最优化方法，由于本身的若干假设、抽象及简化所造成的误差，已经使“最”字打了折扣。因此，不单纯追求最优解，而寻求满意解的方法和途径更加实用有效。一般采用优选法、数值求导法、(非)线性规划法等。

1.1.2.3 仿真软件

仿真软件一般指仿真所使用的语言或程序。仿真语言更加通用，适用面更广；而仿真程序常用于特定需求的场合中。

仿真语言又分为通用和专用两种。通用语言中FORTRAN使用最多，专用语言中以1967年美国计算机仿真协会推出的标准语言文本建立的CSS系列语言得到广泛使用。当今具有代表性的仿真语言有瑞典LUND工学院的SIMMON、IBM公司的CSMP、ACSL、ISIM、ESL以及Clever Moler等人提出的交互式MATLAB语言。

仿真程序（软件包）主要有面向微分方程的CSS1、面向结构图的CSS2、面向非线性系统的CSS3和面向偏微分方程的PDEL、LEANS-3以及清华大学的CSCAD、北京航空航天大学的DARE-P，特别是美国Math Works公司推出的SIMU-LINK软件以基于模型的图形化组态描述方法吸引了无数的研究人员。

1.1.2.4 仿真校验标准

人们意识到，建立可信的系统模型及建立权威的可信度评价标准对仿真是重要的，也是困难的。系统仿真模型的每一细节均来自实际，但实际情况是变化的，这就要求仿真系统本身应具有鲁棒性、自适应性和自调整性，所以仿真系统内部应建立监督模型。系统仿真是针对真实系统建立模型，然后在模型上进行试验、修正，最终用模型代替真实系统，进而研究系统性能的方法。它能真实仿效实际系统活动，并记录瞬态得到用户关心的统计性能。

1.1.3 传统系统仿真的一般步骤及应用

传统系统仿真的一般步骤包括：

（1）系统调研，建立仿真目标及评价标准；

（2）收集仿真数据，建立模型；

（3）仿真实现（语言）；

（4）采用统计学方法进行结果分析、评判。

这些是传统系统仿真的一般步骤，建模过程往往需要多次反复和迭代。

系统仿真技术作为一门独立的学科已有半个多世纪的历史，从最早军工上面的应用逐渐扩展到民用，从工程应用发展到社会各个领域，显示了勃勃生机。正是这种广泛的应用促使其得以更加发展。在日益庞大的对象、日益复杂的结构面前，利用基于现代计算机及其网络的仿真技术，不但可以缩短研发周期，提高系统质量，减少训练时间，而且不受环境限制，保证安全，节约资金。传统系统仿真主要应用的领域包括：系统设计、系统分析、教育及培训、工业生产指导。

1.2 现代系统仿真的发展趋势——智能仿真

随着科技的飞速发展，人们生活质量在不断提高，也促进了日新月异的社会进步，人们对有关国计民生的各个领域都提出了更高的要求。以降低成本，即最大化减少损失为目的的仿真技术得到高度重视，其理论与方法的研究也在不断深化发展着。

1989 年，Interrante, Leslie D. 在研究基于专家系统的仿真训练系统时，注意到为了使具有推理的专家系统能自动配合物理系统，必须在专家系统和仿真系统中间建立图形化的界面。1995 年，Cox, Benita 在研制带督导智能助手仿真系统时，为了使助手与终端用户方便交流，提出了一套仿真智能接口的设计原则。1997 年，涂亚庆提出一种新的人工仿真智能控制器的设计方法；同年，Lyu J, Gunasekaran A. 在评价钢厂调度策略时使用了一个智能仿真模型，该仿真模型采用内嵌式结构作框架，以便仿真机制控制事件发生器和带内部驱动器、知识库的专家系统，仿真机制根据系统状态启动内部驱动器后，系统便会根据内部结果处理事件，并用仿真语言 SIMSCRIPT II.5 介绍了实现过程。1997 年 Malhotra, Rashmi, Mellichamp, Joseph M. 提出 ISCG（the intelligent simulation code generator，即智能仿真代码生成器）即用数据库管理系统作为用户界面，用面向对象的系统开发知识库和完全集成的仿真系统环境，自动生成仿真程序，进而延长了仿真的生命周期。1999 年，Zhao Feng、Bailey-Kellogg Chris、Huang Xingang、Ordonez Ivan 在大型科学数据集挖掘问题中分析了智能仿真的特征，构建了智能仿真工具并用其设计工程系统。1999 年涂序彦教授提出了智能仿真的特点、模型方法及实现框架，为智能仿真的应用打下了基础。

1.2.1 智能仿真的概念

"智能化"是未来计算机发展的方向，所以"智能化"也是计算机仿真技术的发展趋势，同时仿真技术将更好地为仿真用户服务，仿真系统也将和仿真人员更加紧密结合，这样将使人的智能 HI（Human Intelligent）与机器的智能 AI（Artificial Intelligent）有机地结合形成一种集成智能 II（Integrated Intelligent），即：

$$HI + AI = II$$

因此"智能仿真（IS, Intelligent Simulation）"概念可以定义为：基于人工智能和系统仿真技术，充分融合仿真用户感受，最终能营造出更加逼真环境的一门新兴科学，其概念可抽象成结构如图 1-1 所示。

人工智能充分发挥计算机计算速度快、逻辑运算能力强的特点，替代人去解决由人做成形式化的东西，而人去解决尚无法形式化的而又很关键的东西。人工智能的手段主要有专家系统、模式识别、知识工程、知识挖掘、模糊推理、神经网络等。

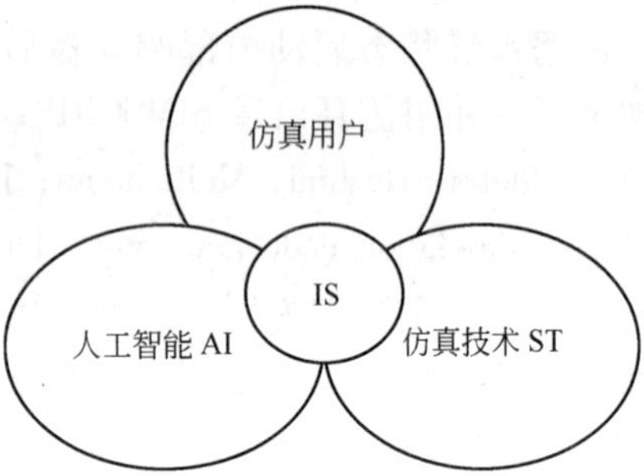

图 1-1　“智能仿真系统”的概念

目前，智能仿真系统的主要开发途径是把系统仿真与人集成，这种集成绝不是简单的结合，必须根据仿真对象的特性进行有机的链接，使仿真系统具有一定柔性，即仿真部件可通过运行服务系统和接口构件链接在一起，以期仿真系统能灵活扩展，这样便能更准确地模拟特定对象。所以，按照智能仿真技术的开发途径，智能技术与仿真技术可以在不同层次、采用不同方式链接，当然这会构成多种类型与结构的智能仿真系统。

1.2.2　智能仿真系统的设计与开发

根据仿真的对象特性，按照需求分析进行智能仿真系统的设计与开发。其框架设计如图 1-2 所示。

随着人工智能和仿真技术所面向的对象越来越复杂，动态分布式智能（DAI）、动态分布式仿真（DDS）相继被提出来，从系统的可实现性、经济性、安全性、实时性等各个角度考虑，系统仿真必然采用设计和运行具有一定独立性的动态分布交互（DDI）方式，即若干个独立子系统分别负责各自相应的对象，系统整体输出取决于各个子系统局部信息的反应。这时，动态分布交互式智能仿真的概念框架应为：

$$DDI + DDS = DDIIS$$

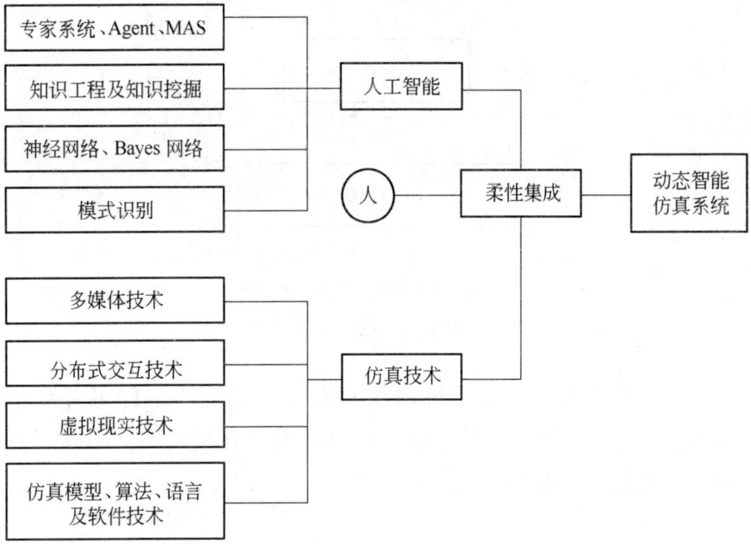

图 1-2　智能仿真系统方案

1.2.3　智能仿真系统的类型和结构

智能仿真系统类型包括：

(1) 嵌套式。仿真系统作为智能系统的一个子系统或一个模块，如智能控制系统中的仿真模块，称为智套仿式如图 1-3 所示。相应的还有仿套智式，如仿真系统中知识学习模块，如图 1-4 所示。

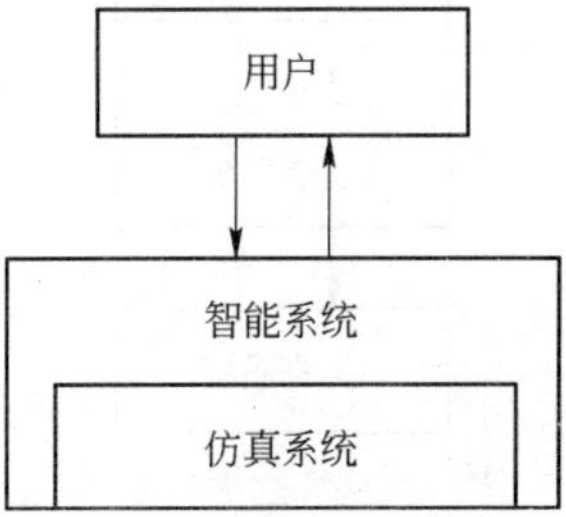

图 1-3　智套仿式

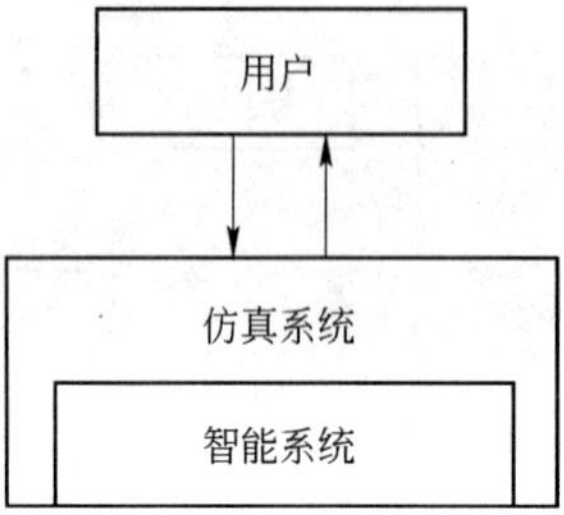

图 1-4　仿套智式

（2）串并式。智能系统与仿真系统各自独立，即可并列运行的称并列式，如图 1-5 所示，相对应的可互相调用，串联运行的称串联式，如图 1-6 所示。

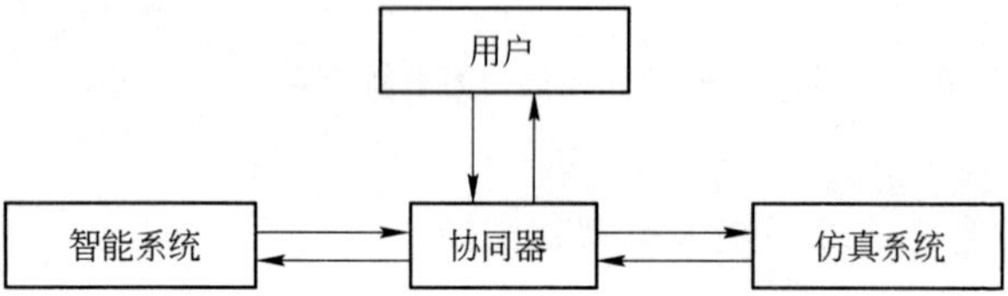

图 1-5　并列式

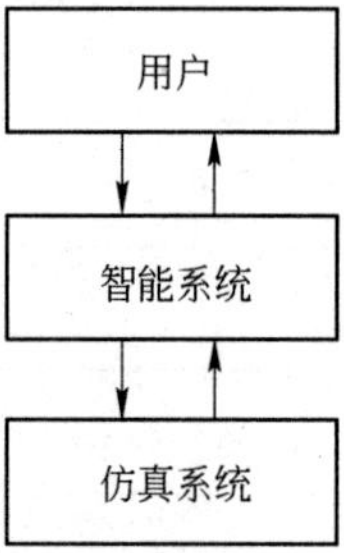

图 1-6　串联式

(3) 融合式。人工智能与仿真技术在模型、算法、语言及软件等多层次进行融合，成为一体化的系统称为融合式，如图 1-7 所示。

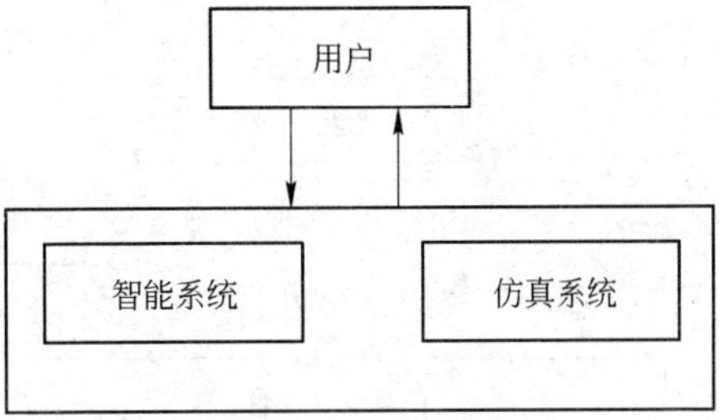

图 1-7 融合式

1.2.4 智能仿真系统的设计与开发

根据仿真的对象特性，按照需求分析进行智能仿真系统的设计与开发。动态智能仿真系统的总体方案可用如图 1-8 的结构描述。主要解决如下几个问题：

(1) 智能仿真模型。这主要是指除可用数学模型外，还可以考虑建立基于知识的对象模型或基于网络的模型，抑或是它们的集成模型，以提高仿真模型的描述能力，扩大仿真模型的应用范围，进而增强仿真系统的柔性。另外，面向对象的图形建模方法为用户建模带来了极大的方便。利用仿真建模的专业知识构建典型模块，根据用户需求及环境条件进行模型选取、赋值、组装、构造及验证，自动生成系统的仿真模型。内部变量的传递过程中可设置量纲等参数的一致性检验，增强建模的可信度。

(2) 智能仿真算法。根据选定的模型来确定算法。如果是线性动态数学模型，可采用各种数值解析的算法。如果是非线性动态数学模型可采用神经网络辨识的算法。如果是知识模型可采用基于知识的推理、判断、联想及识别等学习训练的算法，甚至可考虑基于遗传的优化算法。

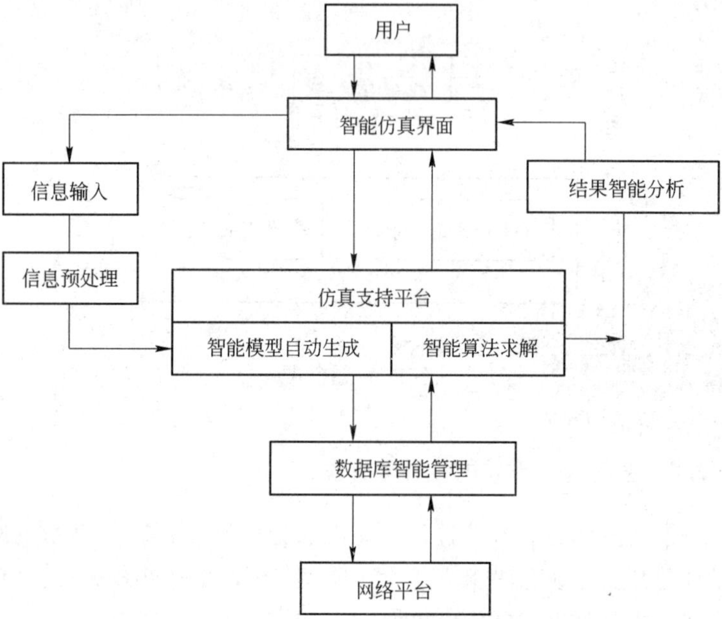

图 1-8　分布智能仿真系统总体结构图

（3）智能仿真界面及信息输入的预处理。人机交互界面将朝着多媒体 + 动画 + 虚拟现实方向发展，其智能化表现为具有输入启发、自动识别、判错、报警等功能，使人成为智能仿真系统的一部分。

（4）仿真结果分析、解释。开发结果分析系统并能给出结果的合理解释乃至从结果知识中发现新知识。

（5）多库协同智能仿真软件及综合仿真语言。各种数据库、知识库、模型库、图形库、图像库、语音库的协同、调用与维护。仿真语言及人工智能语言及各种计算机语言的综合问题都是需要考虑的。

仿真信息来源可信度分析及预处理，开发校核、验证与认可 VV&A 及测试与评估 T&E 系统，以保证系统具有较高的可信度。

1.3 动态智能仿真系统实现的重要手段

1.3.1 智能仿真界面构建中的重要手段——虚拟现实技术

1.3.1.1 虚拟现实的概念

真正赋予虚拟现实（VR）科学含义的是美国的计算机科学家 Jaron Lanier，他于 1989 年提出使用虚拟现实一词来统一表述新的人机交互技术。我国计算机专家汪成为等认为，虚拟现实技术是计算机与信息技术发展的新成就，它是指“在计算机软硬件及各种传感器（如高性能计算机图形图像生成系统以及特制服装、手套、眼镜等）的支持下生成一个逼真的、三维的，具有一定的视、听、触、嗅等感知能力的环境，使用户在计算机所生成的‘虚拟’世界中与对象进行交互作用。它是现代高性能计算机系统、人工智能、计算机图形学、人机接口、立体影像、立体声响、测量控制、模拟仿真等技术综合集成的成果。目的是建立起一个更为和谐的人工环境”。Isdale 在网上发布的文章中所引述的概念比较精练：虚拟现实是人类与计算机和极其复杂的数据进行交互的一种方法。

1.3.1.2 VR 的特点及类型

理想的 VR 系统应具有 I5A 特点。沉浸感（Immersion）：用户将感觉不到身体所处的外部环境而“融合”到虚拟世界中去；想象力（Imagination）：VR 营造的环境作用到用户后，用户产生的真实感，同时，用户的感觉又反作用于 VR 环境，使其不断修改进化；交互性（Interaction），用户可通过三维交互设备直接控制虚拟世界中的对象；智能性（Intelligent），具有分析推理和感知等人类功能；集成化（Integration），VR 系统具有感知视、听、触、嗅、味等多种集成信息的能力；自主性（Autonomy），VR 世界中的物体可按各自的模型和规则自主运动。

虽然在理论上 VR 系统应具有上述的特征，但由于实现时各种条件的限制而有所差异。根据交互界面的不同，可将 VR 系统分为几种不同的类型：

（1）世界之窗（Windows of World）。这种系统使用普通的计算机监视器来显示虚拟世界，用户通过键盘、鼠标来控制在虚拟世界中的运动，如同通过窗户观察世界一样。这也是目前应用最多、实现最方便、最经济的一类 VR 系统；

（2）视频映射（Video Map）。使用视频输入设备将用户的身影与虚拟世界的图像合成在一起，用户通过监视器来观察自身与虚拟世界的交互；

（3）沉浸式系统（Immersion Systems）。完全将用户的视角及感觉包容在虚拟世界内部，用户所看到、听到、碰到乃至闻到和尝到的都是虚拟世界中的物体。这是最理想的 VR 系统。这种系统的一种实现方案是使用头盔显示器提供视场和音效，另外一种方法就是用多个投影显示建造一个“洞穴”或房间，观察者站在其中；

（4）遥控系统（Tele Presence）。不同于完全由计算机生成虚拟世界的系统，它是真实世界的反映。这种技术是把真实世界中的远程传感器与操作者的感觉联系起来。比如用在异地带有摄像机的机器人处理危险情况、医生用窥镜做手术等；

（5）混合系统（Mixed Reality）。遥控系统和 VR 系统的集成。这种技术将计算机生成的图像与真实世界的图像合成在一起，比如医生在做脑外科手术时看到的可能是预先用 CT 扫描获得的图像与实时超声波扫描图像的叠加图像，或者战斗机驾驶员看到的是地图与数据的合成图像等。

1.3.1.3 VR的组成及原理

从技术上来看，VR是现代科技的集大成者，它涉及诸多技术领域如图形图像处理、实时分布系统、数据库、立体环绕音响、跟踪定位装置等等。在硬件上，实现较理想的VR系统需要有头盔显示器、数据手套或数据服、高性能计算机等。在软件上，VR软件的基本组成包括输入处理、仿真引擎、声音处理、虚拟世界的渲染、触觉与反馈力的处理、其他知觉的处理、世界数据库等。其中，仿真支撑平台包括虚拟现实建模、实体响应、多用户协调、数据库建模与操作，具有控制机制。虚拟现实表现主要包括多媒体处理，完成由头盔产生的视觉、由手套产生的触觉、由声卡产生的听觉及传动产生的动感。环境数据库包括知识库及经验库。

对于一个系统，软件是灵魂。而对于VR系统的软件，其核心是仿真引擎。VR系统依赖于仿真引擎来推动虚拟世界时间的流逝，处理交互事件、对象的行为，模拟自然规律并决定虚拟世界的状态。总而言之，仿真引擎是整个VR系统的控制核心，没有仿真引擎的驱动，这个系统就不可能表现出类似或等同于真实世界的特征。所以从本质上来说，VR系统也是一类仿真系统。传统的仿真技术很少研究人的感知模型，因而无法模拟人对外界环境的感知，随着多媒体技术、动画及传感技术的发展，计算机模拟外界环境对人的感官刺激开始成为可能，虚拟现实技术也将得以快速发展。目前增强现实即在虚拟部分基础上增加真实部分以及临场感，即指人与环境融合技术日益成为虚拟现实技术的新分支。

从上述的定义中不难理解虚拟现实技术在智能仿真中的重要意义。同时，也不能低估人体在虚拟现实中的作用，我们的声音、视觉、触觉、力反馈，甚至物理定向都成为计算界面获取数据的方式，并通过这几种感官与计算机连接起来了解世界。另外，植入机器中的人类抽象思维帮助我们超越身体的羁绊，升华强大计算机技术，并不断结合具有潜在能量的人体，使人之身心沉浸在高技术带来的环境中。

1.3.2　智能仿真中建模求解的重要工具——软计算

1.3.2.1　软计算的概念

目前，生活中需要解决的问题大多是不确定或难以精确定量的问题，在计算机处理过程中，传统的解析计算方法对这些问题很难奏效，人们越来越多地求助于具有推理和学习能力的智能方法，即软计算 SC（Soft Computing）。

软计算集神经网络、模糊集、非导数优化等各种计算方法为一体，通过协同、互补非竞争的方式工作，强化逻辑推理、自学习，而非过多进行符号计算的一种综合计算方法。它以数学计算为主，有别于人工智能中知识主要以符号计算，更有别于传统解析数值计算（硬计算 HC）。

在软计算里，模糊逻辑的主要贡献是处理不精确性、不确定性问题，神经计算的主要贡献是学习和曲线拟合，进化计算的主要贡献则是作为搜索和优化的工具，各有分工，因此，经常把它们结合起来，其目的就是获得高性能的系统。

软计算不是概念和技术的同类体，它是若干类以各种形式出现的方法。与传统的硬计算所不同的是软计算允许存在不精确性和不确定性。因此，软计算的指导原则是开发利用对不精确性、不确定性的部分真实的容忍技术，以获得易处理、鲁棒性、低求解成本和更好地与实际融合。

1.3.2.2　软计算的组成结构和特性

目前，软计算正处于快速发展的阶段，其主要技术包括模糊技术、神经网络、进化计算等。近年来，这些方法呈互相融合的趋势，它们之间的相互补充可增强彼此的能力，从而获得更有力的表示和解决实际问题的能力。其主要特性有：

（1）人类专门知识。软计算以模糊规则形式集传统的知识表示形式来使用人类的专门知识，解决实际问题。

(2) 基于生物模型的计算。受生物神经元网络的激励，软计算中大量使用了人工神经网络来处理有关感知、模式识别、非线性回归与分类的问题。

(3) 新的优化技术。软计算中应用了来源于不同思想的新颖最优化技术，包括遗传算法、模拟退火、随机搜索、下山单纯形法。这些方法不需要目标函数的梯度响亮，因此，在解决复杂优化问题时有更大的灵活性。

(4) 数值计算。软计算主要依赖数值计算，这与人工智能的符号计算有明显区别，然而没有符号计算的方法其智能水平显得较低，如何在软计算中引入符号处理技术，将是这个领域一个活跃的研究方向。

(5) 无模型学习。神经网络和模糊推理技术能够只利用目标系统的采样数据来创建模型。对目标系统的深入了解可以有助于建立初始的模型结构，但这并不是必要的。

(6) 强化计算。神经模糊和软计算不需要很多待求问题的背景知识，而是主要依赖于大量快速的运算，从数据中寻找规则或规律。这是计算智能领域的普遍特征。

(7) 容错性。软计算有很好的容错性。从神经网络中删除一个神经元或是从推理系统中去掉一条规则，并不会破坏整个系统。相反，由于具有并行和冗余的结构，系统可以继续工作。

软计算将成为智能仿真的主要工具，特别是在对复杂对象辨识、模型修正以及对系统进行优化等方面有很大的优势。它不仅提供了强大的分析研究工具，还营造了使用优良智能算法的氛围，使仿真系统具有更强的柔性及适应性，更加为用户所钟爱，同时也为系统仿真开拓了无限的发展空间。

1.4 动态智能仿真系统特点

动态智能仿真系统有如下特点：

（1）动态性。为了使仿真更加实用真实，不仅仿真模型、实时优化策略需要建立动态的模型，而且界面交互也应该是动态的。

（2）智能性。由于人工智能的应用及人机智能结合，所以，在仿真输入信息预处理、仿真模型生成、仿真算法的灵活性、有效性、仿真结果的分析与解释等方面，体现出较智能水平。

（3）适用性。拥有适用范围大的广义仿真模型，求解效率高的智能仿真算法，编程方便的综合仿真语言，所以适用性好。

（4）分布性。通过局域网、广域网实现信息的交互、共享。解决复杂分散问题的模拟，营造多角度、多渠道、多领域的虚拟现实氛围，使用户在虚拟世界体会真实，同时反过来也使虚拟世界越来越真实。

（5）交互性。在多库协同的仿真软件支持环境中，人机界面能够实现文、图、声并茂，通过多媒体智能仿真界面进行人机友好交互，便于用户输入启发信息、监控仿真过程，接受仿真输入信息，进行分析和理解，辅助用户采集数据、建立模型、整理结果。

1.5 本书的主要内容及特点

本书包括理论和实际两部分内容。首先，结合供热大系统仿真的实际课题，充分利用最新的仿真理论和方法，研制出了符合实际的工程软件，之后，针对实际工作中的理论问题研究新理论、新方法以提高理论水平和工程水平，进而促进理论在工程中的应用。理论上主要以 863 纵向课题为背景，在智能仿真方面做了进一步的研究。基本上按照总体设计、建模求解、应用实现的过程完成本书的撰写。

1.5.1 本书的主要内容

设计一种人机协同、智能结合、可视化交互供热大系统的动态智能仿真系统 Dynamic Intelligent Simulation System （DISS）的总体方案。

（1）根据研究对象的机理及多年的运行数据，建立各热力环节仿真的数学模型，包括：1）房间动态仿真，研究室内热环境的动态特性；单管串联供热系统的仿真，研究单管串联供热系统的运行工况，优化运行方案；2）热力站仿真，包括供热方案优化、运行工况模拟、自控系统优化设计及参数整定、调节阀选型优化等；3）热网仿真，包括热网的优化设计、热网的最大可及流量分析、热网运行工况模拟分析、全网实现自控的热网仿真、部分热力站实现自控的热网仿真、包含混水泵、间供站、直供站的复杂热网仿真、热网阻力特性辨识等；4）最后将各环节串联起来进行供热系统的全系统仿真。

（2）进行算法及策略的研究。1）建立基于机理和经验的广义数学模型后，利用数值递推方法求解，并采用快速神经网络辨识对模型进行修正。2）在模型的求解方法中，对流体网络的求解采用“拟人推理算法”，极大地提高算法的收敛速度，简化编程难度，可适用于大型流体网络的计算，比传统的矩阵求解算法有明显改进。对热力站模型的求解采用快速递归算法，具有稳定、快速、准确、简洁、易编程等突出优点。3）进行系统全局优化。由于网络管理、运行调度是一种并行计算，全局优化策略的获得依赖于各子系统的局部最优结果，并进行平衡协调，所以可采用“带加权平均遗传算法”获取全系统优化策略。4）建立良好的人机界面。仿真接口为分布交互式，力求真实化，尝试使用虚拟现实技术，使人和计算机和谐融洽地工作。研究基于多智体多库协同的一种虚拟现实仿真界面的构建技术，给出了基于该技术的供热大系统智能仿真系统设计与实现的应用实例。

1.5.2 书中的创新特点

（1）提出供热大系统人机协同、智能结合、可视化交互的供热大系统智能仿真系统的总体方案。

（2）建立了供热系统主要环节（房间、楼宇、热力站）的快速数学动静态模型，并给出了相应的求解方法；研究了基于人工神经网络的高精度仿真模型；提出了复杂枝状热流体网分析的一种拟人智能快速求解算法。可用其进行流量、压力分布的计算；绘制水压图、网络拓扑图；还可进行管网优化设计、改造等；建立了供热大系统的最经济运行模型，给出了基于遗传模拟算法的分解协调实时优化方案。

（3）研究了基于多智体多库协同的一种虚拟现实仿真界面的构建技术，用其进行了仿真软件的开发，在工程应用上效果良好。

1.5.3　本书的内容安排

第 1 章在总结前人获得的系统仿真理论和实践成果的基础上，研究了动态智能仿真的概念、特点、方法、结构及应用。在第 2 章针对供热系统的特点，提出一种供热大系统人机协同、智能结合、可视化交互的供热大系统智能仿真系统的总体方案。第 3 章建立了供热系统主要环节的快速实时仿真模型；从第 4 章到第 7 章分别就供热系统智能仿真模型、优化乃至最终的实现进行了研究。具体分工为：第 4 章提出了基于人工神经网络的高精度自学习仿真模型；第 5 章提出了复杂枝状热力流体网分析的一种拟人智能快速求解算法；第 6 章研究了基于多智体多库协同的一种虚拟现实仿真界面的构建技术；第 7 章建立了基于遗传模拟优化算法的供热大系统分解协调实时最经济运行策略；第 8 章给出了动态智能仿真技术在供热大系统中的应用。最后，对全书总结，对智能仿真作了进一步的展望。

2　可视化动态交互式供热系统智能仿真总体框架

2.1　供热大系统背景

供热系统主体结构包括热源、热力站、用户以及连接这些实体的管网。热源加热后的热水经一次供水线流入热力站，再经过热交换器将热水分配到连接用户的二次供水线上，经用户散热片出来的回水通过二次回水线流入热力站的热交换器与一次供水进行热交换，完成二次侧的循环，而一次供水经热交换后变成一次回水返回热源再被加热，途中损失水量由补水泵补充，循环水泵提供热水运行的动力，其相应的物理结构如图 2-1 所示。

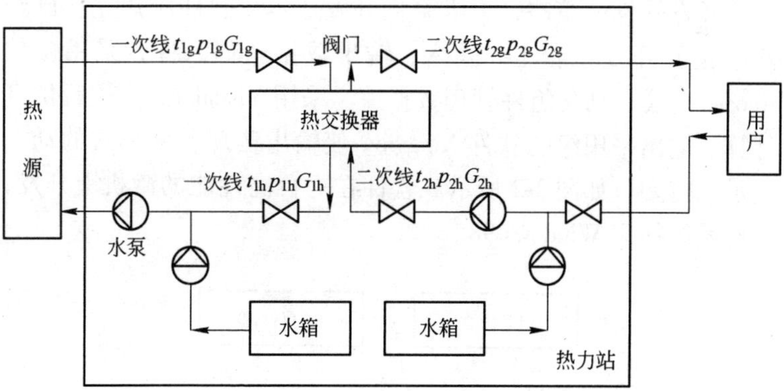

图 2-1　供热系统示意图

图 2-1 中，t、p、G 分别为介质温度、压力、流量；下标 g、

h 表示介质供与回的状态。热源到热力站（一次线）与热力站到用户（二次线）结构相似，均为星形枝状结构。供热系统基本环节包括：节点（热源、热力站、楼、房间、泵、换热器、阀门、除污器、补偿器、管件）和管道（管段）。

2.2　供热动态智能仿真系统开发目标及策略

首先对供热系统中主要环节（管道、节点）建模，管道形成热网，节点包括房间、楼宇、热力站等实体。并对系统典型环节做动、静态仿真，就好像搭积木，这种建模方案属于粗粒度建模，这和国内外专业仿真软件有本质的不同，他们大多按细粒度建模，即管段、阀门、泵、热交换器、散热片等，这种软件用于教学演示还可以，但用于实际供热工程往往由于建模误差的累计而出现很大的偏差，并不实用。之后，按已知热网情况，根据室外温度、热源情况，调度热力站或根据室外温度调度热源，确定优化运行方案，模拟系统实际运行。

开发软件的策略，力求降低开发成本，软件应建立在已经商业化的开发平台上。输入、输出数据全部入库，采用微软 Access 办公自动化组件管理数据库。采用 Visual Basic 进行仿真计算。输出采用组态软件 Kingview 使输出实现各种形式的动态显示、打印，如图 2-2 所示。软件在一台高性能的微机上开发，操作系统使用 Windows 98。

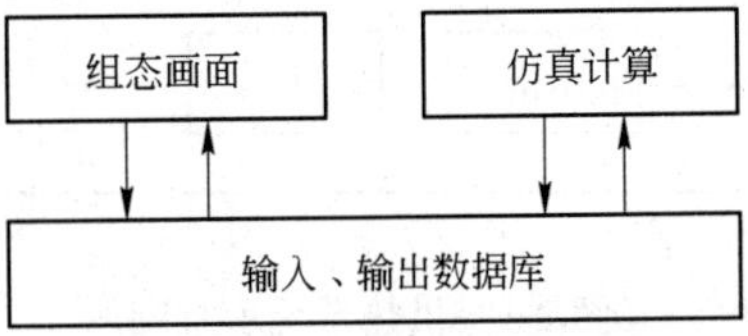

图 2-2　系统软件实现流程

软件开发的基本要求：数据输入简单实用，输出漂亮美观，程序尽量清晰易读，模块化、开放性好。软件系统打包后既可以是一个独立系统又可以是网络系统中的一个子系统。留有网络及硬件接口，参见图2-3、图2-4所示。

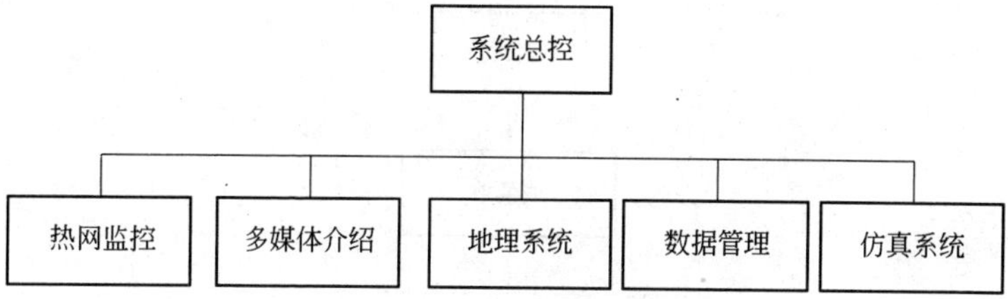

图2-3 仿真系统在管理软件系统中的位置

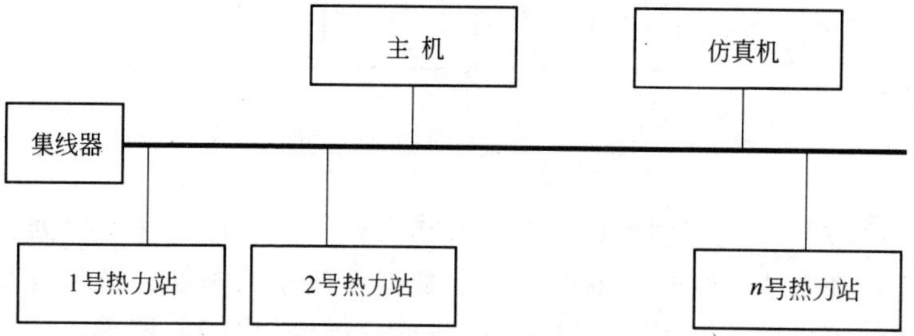

图2-4 仿真系统在硬件系统中的位置

2.3 供热动态智能仿真系统总体框架及特点

系统仿真采用多级模型体系。不仅有快速粗粒度实时仿真，还有高精度自学习智能仿真模型。既可以进行静态仿真，还可以进行动态仿真。

系统管理主要负责各种对象（节点、管网）数据库的管理（库录入、编辑、查询、插值等功能）。节点仿真是对房间、楼

(立管)、热力站这些供热系统中的基本环节模拟，研究其动静态特性，为供热优化运行及优化调度提供技术指导。热网仿真包括完全自控、部分自控及非自控仿真、热网优化设计、热网扩供、最大可及流量确定6大部分。总体结构图如图2-5所示。

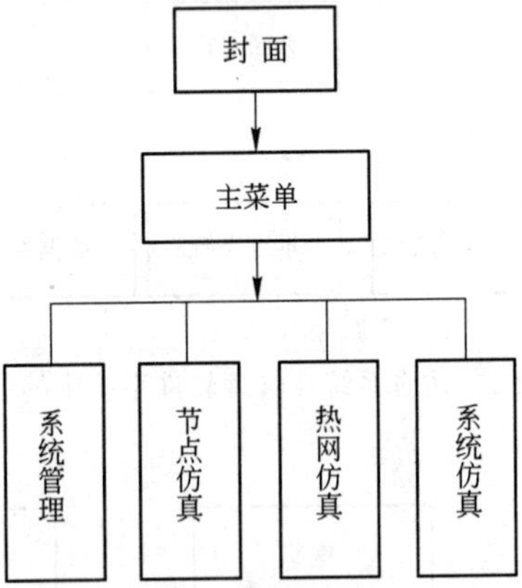

图2-5 系统软件总体结构图

(1) 系统管理模块。对所有仿真模块的名称、基础数据的库管理系统，它包括对数据库、数据库数据的添加、修改以及删除等数据库管理相关操作。系统管理模块如图2-6所示。

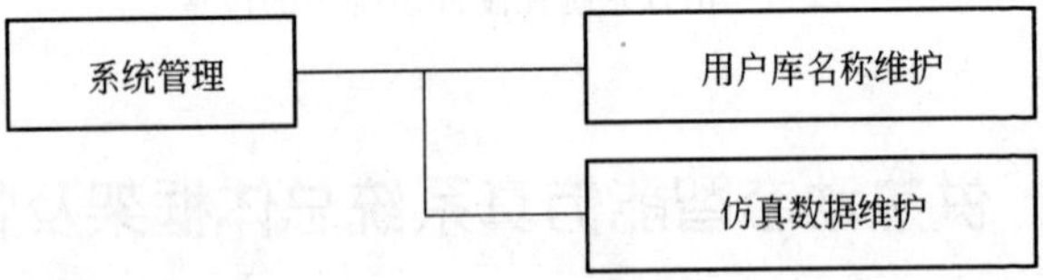

图2-6 系统管理模块

(2) 节点仿真。对典型房间、楼宇（立管)、热力站这些供热系统中的基本环节建模、模拟，节点仿真模块如图2-7所示。

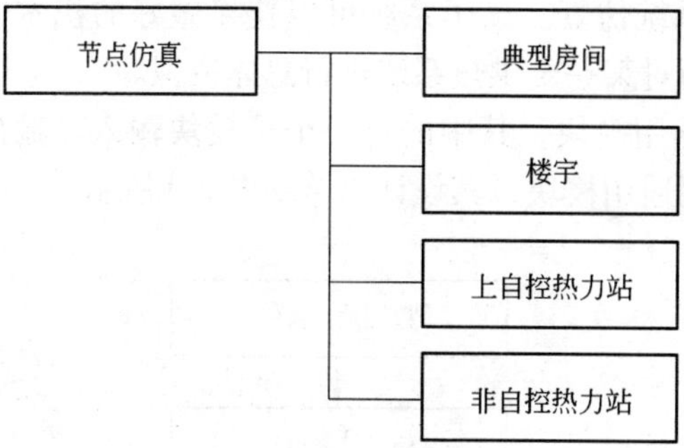

图 2-7 节点仿真模块

（3）热网仿真。对管道形成的拓扑结果进行分析，参数主要包括流量、压力、管径、阀门开度等；研究全网流量、压力分布场，这将为网络运行，防止热水堵漏以及网络设计提供理论支持。热网仿真模块如图 2-8 所示。

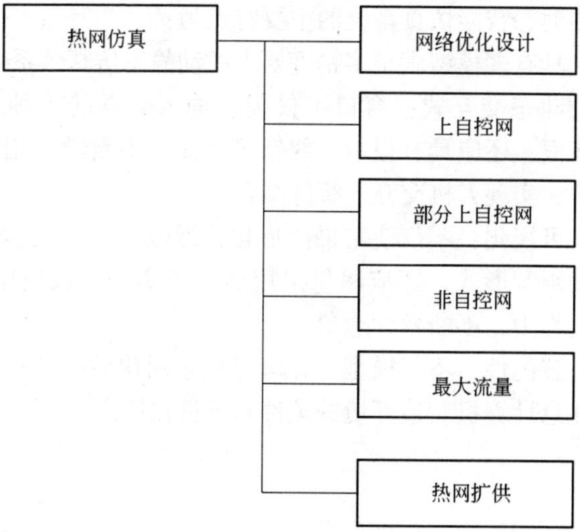

图 2-8 热网仿真模块

（4）系统仿真。该子系统可以挂接做好的积木式仿真模型模块，进而对某一个供热系统进行总体模拟。

（5）通用模块。其中的每一个子模块输入、输出、计算功能全部使用通用模块，其设计思路如图 2-9 所示。

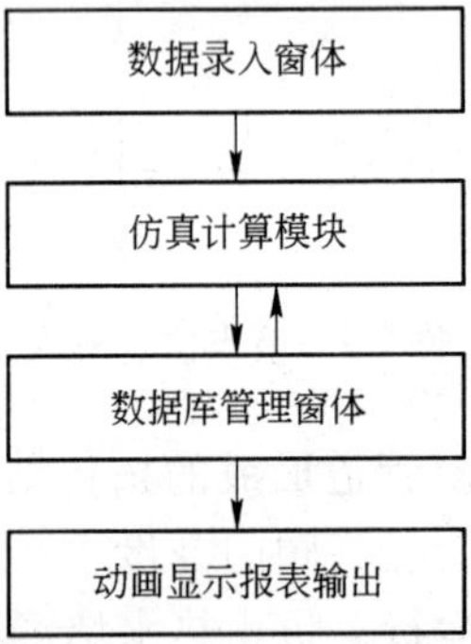

图 2-9　子系统软件实现流程

供热动态智能仿真系统的主要特点为：

（1）具有多模型满足多精度要求的动静态仿真体系。

（2）动态交互式：窗口不仅提供输入数据的各种文本框、图形图像框，还应具有提示、纠错等功能。不断学习用户习惯，方便用户，实现人机交互、智能结合。

（3）可视化：不仅使结果图形化，即输出具有表、趋势图、图形、动画等形式，还应尽量采用虚拟现实的手段使用户沉浸在生产过程中，不断发挥想象。

（4）智能性：不仅模型、算法尽量采用快而准的拟人方法，而且应注意计算机营造环境的柔性和可进化性。

3 供热大系统快速实时仿真模型

3.1 房间模型

3.1.1 概述

在传统的供热运行管理方式下，房间的热负荷及供热参数确定是建立在房间静态热平衡的基础之上的。对于采用自动控制的供热系统，由于供热参数要随着气象条件的变化而不断调整，为了研究房间的供热品质与供热参数及气象条件变化之间关系，找出最佳的供热运行参数，就必须建立起典型房间的动力学模型，研究房间的动态热特性，克服和利用房间热惯性对供热运行调节的影响。

北欧的国家，在确定供热参数时常利用静态模型，这使得外界环境，如室外温度变化时，热负荷也随之变化，造成供热系统调节频繁，系统稳定性较差。国内有人采用 24 小时的室外温度平均值来确定供热参数，虽然使得热负荷变化平缓了许多，但并没有真正实现按需供热，室内温度波动较大。因此合理的供热参数应是在充分研究房间的动力学特性的基础上确定出来的。建立准确的典型房间动力学仿真模型是研究如何能实现按需供热的理论基础。

3.1.2 房间模型的建立

模型的输入量主要是进入室内的二次供水温度和室外温度，要得到输出结果为室内温度和回水温度，研究对象为室内热交换过程。首先做以下假设：

（1）标准房间与邻房不发生热交换；

（2）常物性；

(3) 室内对流换热系数为常数，室外对流换热系数为风速的单值函数；

(4) 冷风渗透、太阳辐射及其他因素作为房间内热源（冷源）考虑，且变化规律已知；

(5) 室内温度分布均匀，室内空气的热惯性忽略；

(6) 不考虑散热器的热惯性。

由热平衡原理，可得房间模型为：

$$Mc\frac{\partial t_n}{\partial \tau} = Q_w - Q_n$$

式中　M——墙体质量；

c——墙体比热容；

Q_w——墙外热负荷；

Q_n——墙内热负荷；

t_n——室内温度。

3.1.3　房间模型的求解

利用递推数值解法，将外墙分成 m 层，分别对每一层（i）列热平衡方程如下：

$i=1$：

$$\frac{1}{\Delta time}\cdot\frac{Mc}{m-1}\cdot\frac{1}{2}[t_{new}(1)-t_{old}(1)] = \frac{(m-1)[t_{new}(2)-t_{new}(1)]}{r} - \alpha_w[t_{new}(1)-t_{wnew}]$$

$i=2,m-1$：

$$\frac{1}{\Delta time}\cdot\frac{Mc}{m-1}[t_{new}(i)-t_{old}(i)] = \frac{(m-1)[t_{new}(i+1)+t_{new}(i-1)-2t_{new}(i)]}{r}$$

$i=m$：

$$\frac{1}{\Delta time}\cdot\frac{Mc}{m-1}\cdot\frac{1}{2}[t_{new}(m)-t_{old}(m)]$$

$$= \alpha_n[t_{nnew} - t_{new}(m)] - \frac{(m-1)[t_{new}(m) - t_{new}(m-1)]}{r}$$

式中 m——外墙分层数；

M——质量，kg/m^3；

c——比热容，J/（kg·℃）；

$\Delta time$——时间步长，s；

r——热阻，m^2·℃/W；

α_w——墙外对流换热系数，W/（m^2·℃）；

α_n——墙内对流换热系数，W/（m^2·℃）；

t_{wnew}——室外温度，℃；

t_{nnew}——室内温度，℃；

$t_{new}(i)$——第 i 层墙体温度，℃；

$t_{old}(i)$——第 i 层墙体的上一时间步长时的温度，℃。

补充方程：

$$z = [(t_n - t_w)/(\frac{1}{\alpha_n} + r + \frac{1}{\alpha_w}) - q_{qt}]/(1 + q_t - q_f)$$

$$y = z/[(t_g + t_h)/2 - t_n]^{1+B}$$

$$x = z/(t_g - t_h)$$

式中 z——外墙单位面积的散热量（实验数据），W/m^2；

y——散热器面积影响系数（实验数）；

x——流量影响系数（实验数据）；

t_n——室内温度，℃；

t_w——室外温度，℃；

t_g——供水温度，℃；

t_h——回水温度，℃；

B——散热器的散热指数；

q_{qt}——包括人、灯等的散热量，W；

q_t——太阳热负荷占基本热负荷的百分数；

q_f——冷风渗透热负荷占基本热负荷的百分数。

求解方程组如下：

令：

$$aa = Mcr/[(m-1)^2\Delta time]$$

$$d(1) = Mc/[2\Delta time(m-1)] + (m-1)/r + \alpha_w$$

$$i = 2, m-1$$

$$d(i) = 2 + aa$$

$$d(m) = Mc/[2\Delta time(m-1)] + (m-1)/r + \alpha_n$$

且

$$d(1)t_{new}(1) = a(1)t_{new}(2) + c(1)$$

$$i = 2, m-1$$

$$d(i)t_{new}(i) = a(i)t_{new}(i+1) + b(i)t_{new}(i-1) + c(i)$$

$$d(m)t_{new}(m) = b(m)t_{new}(m-1) + c(m)$$

再令：

$$ap(1) = a(1)/d(1)$$

$$cp(1) = c(1)/d(1)$$

$$i = 2, m-1$$

$$ap(i) = a(i)/[d(i) - b(i)ap(i-1)]$$

$$i = 2, m$$

$$cp(i) = [c(i) + b(i)cp(i-1)]/[d(i) - b(i)ap(i-1)]$$

$$a(1) = (m-1)/r$$

$$i = 2, m-1$$

$$a(i) = 1$$

$$i = 2, m-1$$

$$b(i) = 1$$

$$b(m) = (m-1)/r$$

$$c(1) = [Mc/(2\Delta time(m-1))]t_{old}(1) + \alpha_w t_{wnew}$$

$$i = 2, m-1$$

$$c(i) = aat_{old}(i)$$

$$c(m) = [Mc/(2\Delta time(m-1))]t_{old}(m) + \alpha_n t_{nnew}$$

则：

$$t_{new}(m) = cp(m)$$

$$i = m-1, 1$$

$$t_{new}(i) = ap(i)t_{new}(i+1) + cp(i)$$

$$t_h = t_g - \frac{y}{x}\left[\frac{(t_g + t_h)}{2} - t_n\right]^{1+B}$$

$$t_{\text{nnew}} = \frac{1}{\alpha_{\text{n}}}\left[x(t_{\text{g}} - t_{\text{h}})(1 + q_{\text{t}} - q_{\text{f}}) + q_{\text{qt}}\right] + t_{\text{new}}(m)$$

t_{n}取上一个周期的室内计算温度，通过上述推导便可得到计算室内温度的递推公式。

3.2 楼宇仿真

3.2.1 概述

楼宇仿真的主要目的是模拟分析一幢楼中单管顺序式供热系统的运行工况，研究供水温度和流量的变化对楼内各层室内温度的影响，研究造成垂直失调的原因和消除垂直失调的措施，研究二次系统的最佳运行调节方案。

单管顺序式供热系统在我国普遍存在，运行中经常发生垂直失调，原因是由于系统的水力失调所致。研究系统的水力失调对系统垂直热力失调的影响关系，消除这种垂直失调的方法以及确定这种系统的运行调节方案等是供热工程人员关心的问题，这些问题传统上大多是基于设计工况进行的分析，而实际的系统由于设计时的余量、施工中的误差等很多原因已不能完全符合设计时的工况要求。因而这些研究仍停留在理论上，无法在实际运行中应用。通过仿真可以比较实际运行参数与设计参数之间差别，并可以获取最佳参数，模拟运行，检验效果，之后，可以在实际运行中应用。

3.2.2 楼宇模型及其求解

先计算供、耗热量，通过热平衡方程建立模型。房间、散热器消耗的热量 Q_1、Q_2，供热系统提供的热量 Q_3分别为：

$$Q_1 = qV(t_{\text{n}i} - t_{\text{w}})$$

$$Q_2 = AF[(t_i + t_{i+1})/2 - t_{\text{n}i}]^{1+B}$$

$$Q_3 = 1.163G(t_{i+1} - t_i)$$

式中 Q_1——房间的实际耗热量，W；

Q_2——散热器的实际耗热量，W；

Q_3——供热系统的实际供热量，W；

q——房间供暖体积概算热指标，W/（m^3 · ℃）；

G——供热系统的实际流量，t/h；

t_{ni}——第 i 层房间实际温度，℃；

t_w——室外实际温度，℃；

t_i——第 i 层散热器的出口实际温度，℃；

t_{i+1}——第 $i+1$ 层散热器的入口实际温度，℃；

V——房间的外围体积，m^3；

F——散热器的面积，m^2；

A，B——与散热器有关的常数。设计值也满足上式。

设：

$$n = \frac{(t_g + t_h - 2t_n)^{1+B}(t_n - t_w)}{(t_g' + t_h' - 2t_n')^{1+B}(t_n - t_w)}$$

令：

$$t_{k+1}' = t_g'$$

$$t_i' = t_g' - \frac{\sum_{j=i}^{k} Q_j'}{\sum_{m=1}^{k} Q_m'}(t_g' - t_h')$$

再令：

$$t_{k+1} = t_g$$

由

$$n\frac{t_{nk} - t_w}{t_n' - t_w'} = \alpha\frac{t_{k+1} - t_k}{t_{k+1}' - t_k'}$$

得：

$$t_k = t_{k+1} - \frac{(t_{nk} - t_w)(t_{k+1}' - t_k')}{\alpha(t_n' - t_w')}n$$

又由

$$n\frac{t_{nk} - t_w}{t_n' - t_w'} = \left(\frac{t_{k+1} + t_k - 2t_{nk}}{t_{k+1}' + t_k' - 2t_n'}\right)^{1+B}$$

得：

$$n\frac{t_{nk} - t_w}{t_n' - t_w'} = \left[\frac{2t_{k+1} - \frac{(t_{nk} - t_w)(t_{k+1}' - t_k')}{\alpha(t_n' - t_w')}n - 2t_{nk}}{t_{k+1}' + t_k' - 2t_n'}\right]^{1+B}$$

$$\alpha = \alpha_1 \alpha_2 \alpha_3$$

$$\alpha_1 = \frac{(t_g + t_h - 2t_n)^{1+B}(t_g' - t_h')}{(t_g' + t_h' - 2t_n')^{1+B}(t_g - t_h)}$$

式中 n——热负荷修正系数；

t_g，t_h——实际供水、回水温度，℃；

t_w——实际室外温度，℃；

t_n——典型房间的实际室内温度，℃；

t_g'，t_h'——设计供水、回水温度，℃。

α——典型房间的水力失调度；

α_1——小区总的水力失调度；

α_2——各楼之间的水平水力失调度；

α_3——楼中各立管的水平水力失调度；

k——楼层数。

上式是关于 t_n（k）的超越方程，解此方程可求出各层房间的室内温度及散热器出口温度。

3.3 热力站仿真

在供热系统中，热交换站是管理整个供热系统的核心环节，也是采用自控技术的环节。因此作为控制和管理对象的热交换站的静力学特性和动力学特性的研究是很有意义的。计算机仿真技术将为此项研究提出经济而有效的手段，可以通过计算机仿真，模拟热交换站的各种运行工况，从而确定最佳运行方案，同时可以优化自控系统的设计及参数整定，为科学地管理热交换站及整个供热系统提供有效的指导。

3.3.1 热交换站仿真的工程背景

热交换站往往连接着两个流体网络环节，将热能从一个流体网络传递到另一个流体网络。因此热交换站将关联着 6 个参数，分别为一级网络的流量及供水/回水温度和二级网络的流量及供水/回水温度。一级网络中流量的变化又将影响整个一级流体网络的流量及压力分布。二级网络的供水温度的变化又将影响各热用户室内温度的变化。因此分析这6个参数之间的相互影响关系是制定好的运行调节方案及设计优秀的自控系统必不可少的前提。比如下列问题：

（1）对热源调度参数的确定。此时往往已知二级热网的供/回水温度及流量，若已知一级热网的循环流量，则可通过热交换站的静态仿真计算出所需的一级热网的供水温度。若已知一级热网的供水温度，则可通过热交换站的静态仿真计算出所需的一级热网的循环流量。这对于确定一级热网中供水温度与循环流量之间的关系是很方便的。

（2）模拟各种运行工况下的供热效果。此时往往已知一级热网的供水温度及流量，同时已知二级热网的流量，则可以计算出二级热网的供水温度，进而计算出室内房间的温度。

（3）热交换站自控系统的优化设计及参数整定。在热交换站的自动控制中，一级热网供水温度的变化及二级热网回水温度的变化可以作为控制系统的前馈控制回路，可以通过仿真确定各前馈控制回路的传递函数，控制阀门的开度。二级热网的供水温度为控制系统的反馈控制回路，可以通过热交换站的动态仿真，确定PID参数，优化控制参数。

（4）优化阀门的选型方案。阀门的调节特性有抛物线形、直线形、修正等百分比特性等。还有带压差控制功能的调节阀。对于不同的供热系统以及供热系统中的不同位置或是不同的供热系统调节方案等，对阀门的选型会提出不同的要求。通过仿真可以模拟出各种工况下阀门开度的变化情况及控制效果。这为实现最经济控制提供了有力保证。

3.3.2　数学模型的建立

热力站仿真的任务主要是建立换热器模型。常用的板式换热器可抽象成无限大平板，若假设大平板材质均匀，板厚度与板长度之比远小于1，各横截面上流场及温度场均匀，换热器与外界热损失不计，流体为不可压缩低温流体，由于建立的数学模型中部分参数（如对流换热系数和污垢系数）是实验得到的，因此建立的模型应该是一种半经验数学模型。此时的模型如下：

$$\begin{cases} F_1\rho_1 c_{p1}\left(\dfrac{\partial t_1}{\partial \tau} + \omega_1 \dfrac{\partial t_1}{\partial z}\right) = q_1 A \\ F_2\rho_2 c_{p2}\left(\dfrac{\partial t_2}{\partial \tau} + \omega_2 \dfrac{\partial t_2}{\partial z}\right) = q_2 A \\ m_j c_j \dfrac{\partial t_j}{\partial \tau} = (q_1 - q_2)A \\ q_1 = \dfrac{t_1 - t_j}{\dfrac{B}{2\lambda} + \dfrac{R_S}{2} + \dfrac{1}{\alpha_1}} \\ q_2 = \dfrac{t_j - t_2}{\dfrac{B}{2\lambda} + \dfrac{R_S}{2} + \dfrac{1}{\alpha_2}} \end{cases}$$

式中 t_1——热流体温度,℃;

t_2——冷流体温度,℃;

t_j——金属温度,℃;

q_1——热流体放热量，W;

q_2——冷流体放热量，W;

F_1，F_2——板间截面积，m^2;

ω_1，ω_2——板间流速，m/s;

A——单板面积，m^2;

B——板厚，m;

α_1，α_2——对流换热系数，W/（m^2 · ℃）;

λ——金属热导率，W/（m · ℃）;

R_S——污垢系数，m^2 · ℃/W;

ρ_1，ρ_2——流体密度，kg/m^3;

c_{p1},c_{p2}——定压比热容，J/（kg · ℃）;

m_j——单板的质量，kg；

c_j——金属比热容，J/（kg·℃）。

补充方程：

$$\omega = G/(3600nF)$$

式中 G——流体总流量，m^3/h；

n——流道数，个。

解方程组可得二次供水温度，进而可研究其热稳定性及对它的自动控制算法。

3.3.3 数学模型的离散化及数值求解

$$\Delta Z = L/(m-1)$$

$$\Delta A = A/(m-1)$$

$$\Delta m_j = m_j/(m-1)$$

式中 ΔZ——单元体的长度，m；

ΔA——单元体的面积，m^2；

Δm_j——单元体的金属质量，kg；

m——离散点数，个；

L——换热器的长度，m。

$$F_1\rho_1 c_{p1}\left[\frac{t_{1\text{-new}}(i)+t_{1\text{-new}}(i+1)-t_{1\text{-old}}(i)-t_{1\text{-old}}(i+1)}{2\Delta time}+\right.$$

$$\left.\omega_1\frac{t_{1\text{-new}}(i+1)-t_{1\text{-new}}(i)}{\Delta Z}\right]=-q_1(i)\Delta A$$

$$F_2\rho_2 c_{p2}\left[\frac{t_{2\text{-new}}(i)+t_{2\text{-new}}(i+1)-t_{2\text{-old}}(i)-t_{2\text{-old}}(i+1)}{2\Delta time}-\right.$$

$$\left.\omega_2\frac{t_{2\text{-new}}(i+1)-t_{2\text{-new}}(i)}{\Delta Z}\right]=q_2(i)\Delta A$$

$$q_1(i)=\frac{\left[\dfrac{t_{1\text{-new}}(i)+t_{1\text{-new}}(i+1)}{2}-\dfrac{t_{j\text{-new}}(i)+t_{j\text{-new}}(i+1)}{2}\right]}{\dfrac{B}{2\lambda}+\dfrac{R_S}{2}+\dfrac{1}{\alpha_1}}$$

$$q_2(i) = \frac{\left[\frac{t_{j-new}(i) + t_{j-new}(i+1)}{2} - \frac{t_{2-new}(i) + t_{2-new}(i+1)}{2}\right]}{\frac{B}{2\lambda} + \frac{R_S}{2} + \frac{1}{\alpha_2}}$$

$$\Delta m_j c_j \frac{t_{j-new}(i) - t_{j-old}(i)}{\Delta time}$$

$$= \Delta A \left[\frac{t_{1-new}(i) - t_{j-new}(i)}{\frac{B}{2\lambda} + \frac{R_S}{2} + \frac{1}{\alpha_1}} - \frac{t_{j-new}(i) - t_{2-new}(i)}{\frac{B}{2\lambda} + \frac{R_S}{2} + \frac{1}{\alpha_2}}\right]$$

令：

$$a_1 = \frac{F_1\rho_1 c_{p1}}{\Delta A}\left(\frac{B}{2\lambda} + \frac{R_S}{2} + \frac{1}{\alpha_1}\right)$$

$$a_2 = \frac{F_2\rho_2 c_{p2}}{\Delta A}\left(\frac{B}{2\lambda} + \frac{R_S}{2} + \frac{1}{\alpha_2}\right)$$

$$a_3 = \frac{\Delta m_j c_j}{\Delta A \Delta time}$$

$$b_1 = \frac{B}{2\lambda} + \frac{R_S}{2} + \frac{1}{\alpha_1}$$

$$b_2 = \frac{B}{2\lambda} + \frac{R_S}{2} + \frac{1}{\alpha_2}$$

$$\left(\frac{1}{2} + \frac{a_1}{2\Delta time} - \frac{\omega_1 a_1}{\Delta Z}\right)t_{1-new}(i) + \left(\frac{a_1}{2\Delta time} + \frac{\omega_1 a_1}{\Delta Z} + \frac{1}{2}\right)t_{1-new}(i+1) -$$

$$\frac{1}{2}t_{j-new}(i) - \frac{1}{2}t_{j-new}(i+1) = \frac{a_1}{2\Delta time}\left[t_{1-old}(i) + t_{1-old}(i+1)\right]$$

$$\left(\frac{1}{2} + \frac{a_2}{2\Delta time} - \frac{\omega_2 a_2}{\Delta Z}\right)t_{2-new}(i) + \left(\frac{a_2}{2\Delta time} + \frac{\omega_2 a_2}{\Delta Z} + \frac{1}{2}\right)t_{2-new}(i+1) -$$

$$\frac{1}{2}t_{j-new}(i) - \frac{1}{2}t_{j-new}(i+1) = \frac{a_2}{2\Delta time}\left[t_{2-old}(i) + t_{2-old}(i+1)\right]$$

$$\left(-\frac{1}{b_1}\right)t_{1-new}(i) - \frac{1}{b_2}t_{2-new}(i) + \left(a_3 + \frac{1}{b_1} + \frac{1}{b_2}\right)t_{j-new}(i) = a_3 t_{j-old}(i)$$

令：

$$c_1 = \frac{1}{2} + \frac{a_1}{2\Delta time} - \frac{\omega_1 a_1}{\Delta Z}$$

$$c_2 = \frac{1}{2} + \frac{a_1}{2\Delta time} + \frac{\omega_1 a_1}{\Delta Z}$$

$$c_3 = \frac{a_2}{2\Delta time} + \frac{\omega_2 a_2}{\Delta Z} + \frac{1}{2}$$

$$c_4 = \frac{a_2}{2\Delta time} - \frac{\omega_2 a_2}{\Delta Z} + \frac{1}{2}$$

$$c_5 = a_3 + \frac{1}{b_1} + \frac{1}{b_2}$$

$$t_{\text{j-new}}(i) = \frac{1}{c_5 b_1} t_{\text{1-new}}(i) + \frac{1}{c_5 b_2} t_{\text{2-new}}(i) + \frac{a_3}{c_5} t_{\text{j-old}}(i)$$

$$\left(c_1 - \frac{1}{2c_5 b_1}\right) t_{\text{1-new}}(i) - \frac{1}{2c_5 b_2} t_{\text{2-new}}(i) + \left(c_2 - \frac{1}{2c_5 b_1}\right) t_{\text{1-new}}(i+1) - \frac{1}{2c_5 b_2} t_{\text{2-new}}(i+1) = \frac{a_1}{2\Delta time}[t_{\text{1-old}}(i) + t_{\text{1-old}}(i+1)] + \frac{a_3}{2c_5}[t_{\text{j-old}}(i) + t_{\text{j-old}}(i+1)] - \frac{1}{2c_5 b_1} t_{\text{1-new}}(i) + [c_3 - \frac{1}{2c_5 b_2} t_{\text{2-new}}(i) - \frac{1}{2c_5 b_1} t_{\text{1-new}}(i+1)] + [(c_4 - \frac{1}{2c_5 b_2} t_{\text{2-new}}(i+1)] = \frac{a_2}{2\Delta time}[t_{\text{2-old}}(i) + t_{\text{2-old}}(i+1)] + \frac{a_3}{2c_5}[t_{\text{j-old}}(i) + \frac{a_3}{2c_5} t_{\text{j-old}}(i+1)]$$

令：

$$A = c_1 - \frac{1}{2c_5 b_1}$$

$$B = -\frac{1}{2c_5 b_2}$$

$$C = c_2 - \frac{1}{2c_5 b_1}$$

$$A' = -\frac{1}{2c_5 b_1}$$

$$B' = c_3 - \frac{1}{2c_5 b_2}$$

$$C' = c_4 - \frac{1}{2c_5 b_2}$$

$$At_{1-\text{new}}(i) + Ct_{1-\text{new}}(i+1) = e(i) - Bt_{2-\text{new}}(i) - Bt_{2-\text{new}}(i+1)$$

$$A't_{1-\text{new}}(i) + A't_{1-\text{new}}(i+1) = e'(i) - B't_{2-\text{new}}(i) - C't_{2-\text{new}}(i+1)$$

令：

$$e(i) = \frac{a_1}{2\Delta time}[t_{1-\text{old}}(i) + t_{1-\text{old}}(i+1)] + \frac{a_3}{2c_5}[t_{\text{j-old}}(i) + t_{\text{j-old}}(i+1)]$$

$$e'(i) = \frac{a_2}{2\Delta time}[t_{2-\text{old}}(i) + t_{2-\text{old}}(i+1)] + \frac{a_3}{2c_5}[t_{\text{j-old}}(i) + t_{\text{j-old}}(i+1)]$$

于是：

$$t_{1-\text{new}}(i) = \frac{1}{AA' - A'C}\{A'[e(i) - Bt_{2-\text{new}}(i) - Bt_{2-\text{new}}(i+1)] - C[e'(i) - B't_{2-\text{new}}(i) - C't_{2-\text{new}}(i+1)]\}$$

$$t_{1-\text{new}}(i+1) = \frac{1}{AA' - A'C}\{A[e'(i) - B't_{2-\text{new}}(i) - C't_{2-\text{new}}(i+1)] - A'[e(i) - Bt_{2-\text{new}}(i) - Bt_{2-\text{new}}(i+1)]\}$$

可得：

$$\left(B - \frac{ABA'}{AA' - CA'} + \frac{CBA'}{AA' - CA'}\right)t_{2-\text{new}}(i) + \left(B - \frac{ABA'}{AA' - CA'} + \frac{CBA'}{AA' - CA'}\right)t_{2-\text{new}}(i+1) = e(i)\left[1 - \frac{AA'}{AA' - CA'} + \frac{CA'}{AA' - CA'}\right]$$

令：

$$G = B - \frac{ABA'}{AA' - CA'} + \frac{CBA'}{AA' - CA'}$$

$$H = 1 - \frac{AA'}{AA' - CA'} + \frac{CA'}{AA' - CA'}$$

$$Gt_{2-\text{new}}(i) + Gt_{2-\text{new}}(i+1) = He(i)$$

即：

$$t_{2-\text{new}}(i) = \frac{H}{G}e(i) - t_{2-\text{new}}(i+1).$$

$$t_{2\text{-new}}(m) = t_{2h}$$

$$t_{2\text{-new}}(1) = t_{2g}$$

$$t_{1\text{-new}}(i+1) = \frac{1}{A'}[e'(i) - B't_{2\text{-new}}(i) - C't_{2\text{-new}}(i+1)] - t_{1\text{-new}}(i)$$

$$t_{1\text{-new}}(1) = t_{1g}$$

$$t_{1\text{-new}}(m) = t_{1h}$$

该解法只需一次性计算出各种参数，即可解出方程组，算法简单快速，易于编程，可以满足实时仿真中对求解速度的要求。该模型是建立在热交换站动力学理论基础上的，当其中的 $\Delta time$ 为无限大时，模型就退化成静力学模型。因此该模型既可满足动力学仿真的要求，又可满足静力学仿真的要求。

3.4　热网仿真

流体网络仿真的主要作用和意义包括：对几种不同的扩展方案进行模拟分析，找出最佳扩展方案；模拟分析各种事故工况下的水力工况，进而预测事故的危害性，模拟事故发生后各种处理方案的可行性；校核设计的合理性，同时确定初调节方案，如果阀门的阻力特性与开度的对应关系已知，则可以先通过计算机模拟分析进行初调节，在计算机上调节平衡后，再根据计算的阀门开度对系统进行初调节。第 5 章将给出模型和算法。

3.5　模型仿真实例与结论

3.5.1　房间仿真实例

已知室外温度及供水温度后通过房间模型计算得出回水温度和室内温度，与实测值比较，平均误差在3℃之内，基本满足工程要求。房间模型仿真结果如表 3-1 所示。

表 3-1 房间模型仿真结果

日 期	时 间	室外温度/℃	供水温度/℃	回水温度/℃	室内温度/℃
2000-3-1	8:00:00	-12	76	54.52	21.17
2000-3-1	8:06:00	-9.5	79	59.91	21.04
2000-3-1	8:12:00	-7	82	61.7	21.88
2000-3-1	8:18:00	-6.6	82.2	62.15	22.1
2000-3-1	8:24:00	-6.2	82.4	62.36	22.34
2000-3-1	8:30:00	-5.8	82.6	62.57	22.54
2000-3-1	8:36:00	-5.4	82.8	62.77	22.73
2000-3-1	8:42:00	-5	83	62.97	22.9
2000-3-1	8:48:00	-6.5	79.5	60.88	22.46
2000-3-1	8:54:00	-8	76	58.54	22.05

3.5.2 楼宇仿真

经仿真实验，可通过楼宇模型在已知室外温度、供水温度、楼层数及其各层热负荷后，计算出各层房间温度，平均误差在2℃之内，基本满足工程要求。

3.5.3 热力站仿真实例

如图 3-1 所示是热力站仿真后得到的（从上至下）一次供

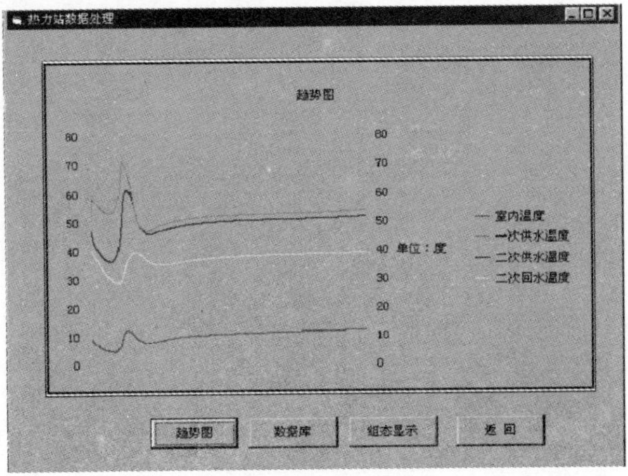

图 3-1 热力站仿真趋势图

水温度、二次供水温度、二次回水温度、室内温度计算值，符合实际趋势，可以对热力站做出合理的预报。

3.6　本章小结

通过上述对供热系统主要环节建模，可以看到模型建立合理，算法采用了快速数值递推方法，仿真过程中运算速度很快，满足工程要求，为将来大系统仿真打下了良好的基础。考虑到随着系统环节的增加，目前仿真计算的精确度还有待提高，否则大系统仿真时可能出现较大累计误差，同时，在制定供热计划时需要高精度的仿真结果，所以在第 4 章将讨论建立精确自学习模型的问题。

4 基于人工神经网络的自学习智能仿真模型

4.1 概 述

由于供热系统存在严重滞后，是一个慢时变非线性系统，很难用精确数学模型表示对象。第3章中采用了基于数学模型的数值递推算法得到了较高精度的对象模型，但还不是非常理想。而用神经网络对该系统进行辨识目前看来是最合适不过的了。

1987年Lapedes和Farber指出，使用多项式代数方法可以准确建模。1990年Girosi和Poggio提出，用严格复杂性的BF网几乎可以达到最好的网络逼近能力。大量的文献证明，BP神经网络是非线性系统辨识的有力工具。其缺点是辨识速度较慢，只要采用好的网络结构和算法，它应该可以用于供热系统环节（房间、楼宇、热力站、网络）乃至系统的辨识。

4.2 一种快速神经网络辨识非线性对象的方法

4.2.1 基本思路

到目前为止，线性系统参数辨识的方法比较成熟，而非线性系统由于其内在的复杂性，辨识总难以达到满意效果。随着神经网络研究的不断深入，用其所具有的最好函数逼近能力来辨识非线性受控对象方法受到人们的关注。其中，前向建模，即训练一个神经网络用来描述系统前向动态特性的过程就是其一。网络辨识结构如图4-1所示。

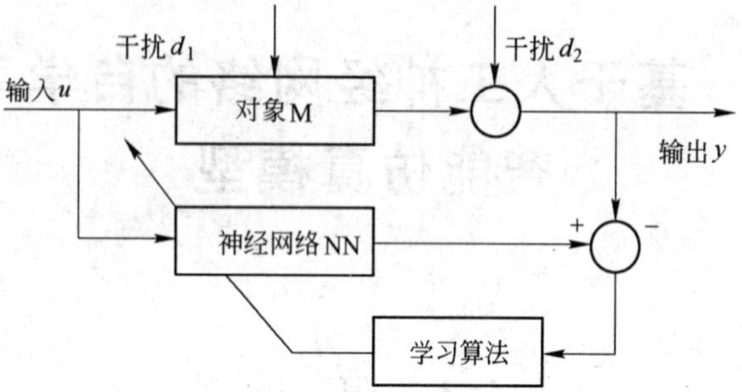

图 4-1　神经网络辨识对象结构图

考虑非线性受控对象可由差分方程表示：

$$y^m(t+1)=f[y^m(t),y^m(t-1),\cdots,y^m(t-k+1);u(t),u(t-1),\cdots,u(t-l+1)]$$

并选神经网络与其结构相同，即：

$$y^n(t+1)=f^*[y^m(t),y^m(t-1),\cdots,y^m(t-k+1);u(t),u(t-1),\cdots,u(t-l+1)]$$

当网络训练一段时间后，已逼近对象，则此时可将网络输出作为网络输入的一部分，从而使网络最终脱离受控对象单独使用。

这就是非线性受控对象利用神经网络辨识的思想。这种方法辨识准确，但有明显弱点就是训练速度慢，难于在线辨识。对于高维输入空间，RBF 网络结点数成倍增加，成本很高，1991 年 Barron 证明了 S 形网络将空间分割成几个特征区，使用结点数目大为减少这个结论。本章从改进网络结构的角度提出一种快速神经网络辨识的方法。

4.2.2　快速神经网络模型结构

由 Kolmogorove 定理知，任何 N 变量连续函数可以由单变量连续增函数的线性和非线性叠加而成。这样便可把通常的神经网络结构变成线性和非线性两部分模型结构，用线性系统参数辨识和非线性多层前向网络辨识分别作用于各自对应的结构上，仿真证明这的确能加快网络学习速度。该网络结构如图 4-2 所示。

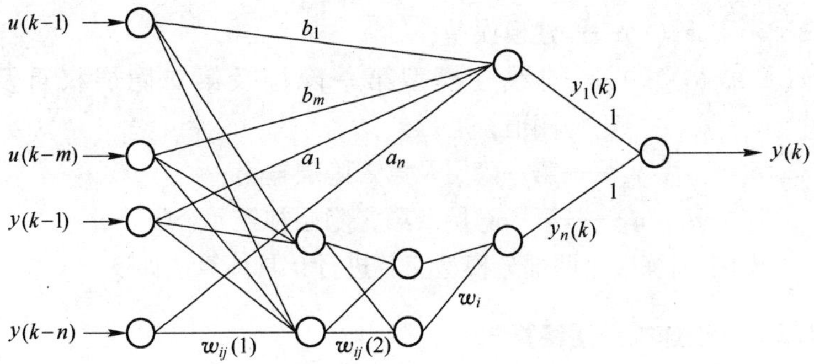

图 4-2　快速神经网络结构模型图

该模型离散化后变为：

$$y(k)=f[y(k-1),y(k-2),\cdots,y(k-n);\quad u(k-1),u(k-2),\cdots,u(k-m)]$$

式中　$y(k)$——对象输出；

$u(k)$——对象输入；

$f(\cdot)$——非线性函数。

图 4-2 中上半部分输出是线性模型输出 $y_1(k)$，神经元之间的参数采用递推最小二乘法辨识。下半部分为非线性部分输出 $y_n(k)$，神经元之间的权重及阈值采用改进的快速 BP 算法计算。这时，网络模型输出为：

$$x(k-1)=[y(k-1),\ y(k-2),\ \cdots,\ y(k-n);\quad u(k-1),\ u(k-2),\ \cdots,\ u(k-m)]^{\mathrm T}$$

$$\hat{y}(k)=\hat{y}_1(k)+\hat{y}_{\mathrm n}(k)+\boldsymbol{\varepsilon}(k)=\boldsymbol{\Phi}^{\mathrm T}x(k)+N[x(k-1)+e(k)]$$

对象输出为：　　$y(k)=y_1(k)+y_{\mathrm n}(k)$

$$\boldsymbol{\Phi}=(a_1,\ a_2,\ \cdots,\ a_i;\ b_1,\ b_2,\ \cdots,\ b_j)^{\mathrm T}$$

式中　$i=1,\ 2,\ \cdots,\ n$；$j=1,\ 2,\ \cdots,\ m$；

$x(k-1)$——网络输入变量；

$\boldsymbol{\Phi}$——线性模型辨识参数阵；

$N(\cdot)$——非线性模型输出；

$e(n)$——建模误差；

$w(\cdot)$，$\theta(\cdot)$——非线性模型第一隐层及第二隐层权重及阈值；

y_1，y_n——第一隐层及第二隐层输出；

n_1，n_2——第一隐层及第二隐层神经元个数。

网络训练采用两部分模型交替进行，具体算法如下。

4.2.3　快速神经网络算法

神经网络学习算法及其改进算法很多，针对上述网络结构，下面介绍一种对线性结构采用递推最小二乘法，对非线性部分采用变学习速率的 BP 算法的综合辨识步骤和方法。

（1）网络参数初始化，$\boldsymbol{\Phi}(0)$ 中各元素取较小值，权重均匀选取［0，1］随机数；

（2）保持非线性部分模型权重及阈值不变，对线性模型部分使用递推最小二乘法辨识向量递推 n_1（第一隐层数）步后进行下一步；

（3）保持线性部分参数不变，对非线性部分采用快速 BP 算法辨识，过程如下：

$$w_i(k) = w_i(k-1) + \eta(k)\delta(k)h_i^{(2)}(k)$$

式中　$i = 1,2,\cdots,n_2$；

$\eta(k)$——学习速率。

$$\theta_i(k) = \theta_i(k-1) + \eta(k)\delta(k)$$

$$\delta(k) = y(k) - \hat{y}_1(k) - \hat{y}_n(k)$$

$$\eta(k) = \eta(k-1) - \alpha\frac{\Delta E}{E_k}$$

式中　E_k——BP 模型中能量指标函数即输出误差。

同理

$$w_{ij}^{(2)}(k) = w_{ij}^{(2)}(k-1) + \eta_i^{(2)}(k)\delta_i^{(2)}(k)h_i^{(1)}(k)$$

式中 $i = 1,2,\cdots,n_2$；

$j = 1,2,\cdots,n_1$。

$$\theta_i^{(2)}(k) = \theta_i^{(2)}(k-1) + \eta_i^{(2)}(k)\delta^{(2)}(k)$$

$$\delta_i^{(2)}(2) = \delta(k)w_i(k-1)s[f_i^{(2)}(k)]$$

式中 $s(\cdot)$—— 隐层神经元激发函数。

$$f_i^{(2)}(k) = \sum_{j=1}^{n_1} w_{ij}^{(2)}(k-1)h_j^{(1)}(k) + \theta_i^{(2)}(k-1)$$

同样

$$w_{ij}^{(1)}(k) = w_{ij}^{(1)}(k-1) + \eta_i^{(1)}(k)\delta_i^{(1)}(k)\ x_j^{(1)}(k)$$

式中 $i = 1,2,\cdots,n_1$；

$j = 1,2,\cdots,n+m$。

$$\theta_i^{(1)}(k) = \theta_i^{(1)}(k-1) + \eta_i^{(1)}(k)\delta_i^{(1)}(k)$$

$$\delta_i^{(1)}(2) = \sum_{i=1}^{n_2} \delta_i^{(2)}(k)w_{ki}(k-1)s[f_i^{(1)}(k)]$$

$$f_i^{(1)}(k) = \sum_{j=1}^{n+m} w_{ij}^{(1)}(k-1)x_j(k-1) + \theta_i^{(1)}(k-1)$$

(4) 计算网络误差 $e(k)$，若误差未达到指定小正数时，返回到步骤 (1)，否则结束训练。

4.3 仿真实例分析

取一非线性对象为:

$$f(x) = x + 10\sin(5x) + 7\cos(4x)$$

按上述网络模型结构及算法与普通网络结构及 BP 算法分别对该对象进行辨识。采用三层网络：输入层两个神经元；隐层分为两个小层，第一隐层 10 个，第二隐层 5 个；输出层 1 个。选取输入信号 $x \in [1, 5]$，按步长 0.1 递增。在误差精度 $e(k) = 0.01$时改进算法训练步数为 182，可达到的误差精度为 0.00994694；普通方法为 466，可达到的误差精度为 0.01023458。充分体现了该快速神经网络训练方法明显具有辨识精度高，训练速度快的特点。

改进前学习情况如图 4-3 所示。

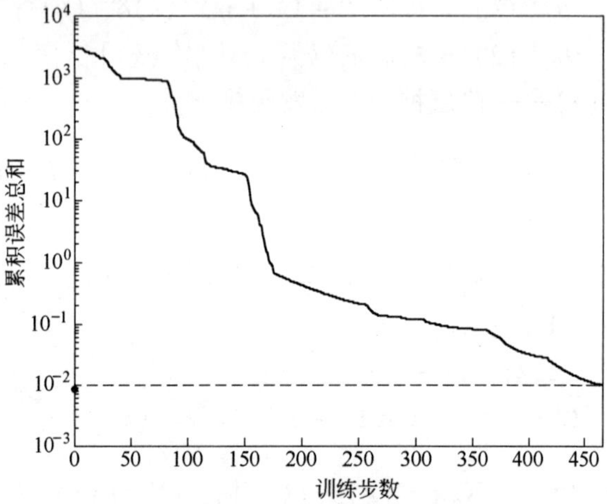

图 4-3　神经网络改进前学习训练效果

改进后辨识效果如图 4-4 和图 4-5 所示。

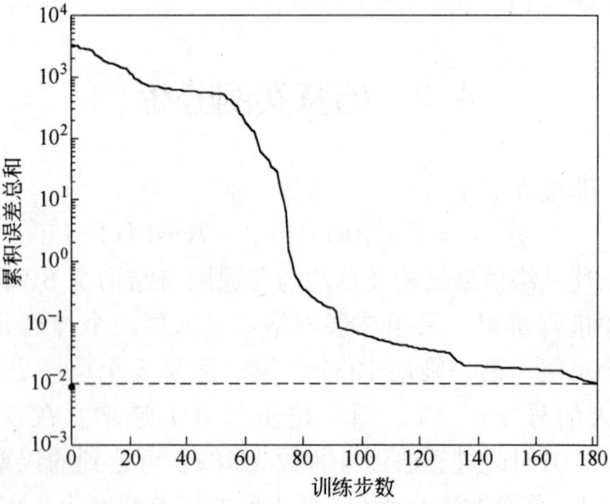

图 4-4　神经网络改进后学习训练效果

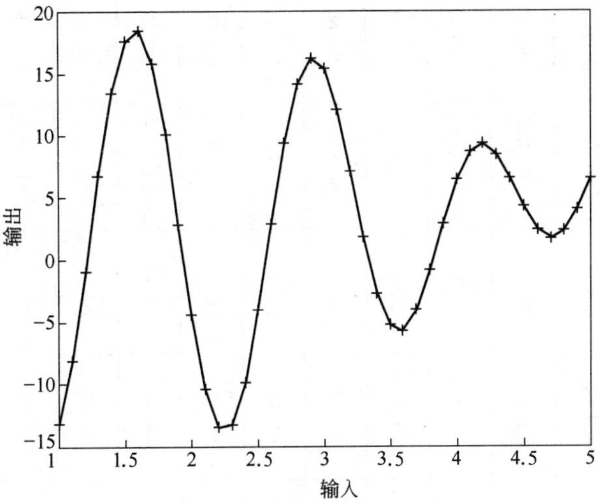

图 4-5 神经网络改进后目标函数逼近效果

4.4 基于人工神经网络的供热仿真模型

第 3 章建立的基于数值递推方法的物理模型，由于作了较多的假设，经过仿真计算和实际测量的结果标准差有时偏离两度之多，这在实际应用中当精度要求不高时还可以接受，在设计供热计划时往往很难满足精度的要求。这时采用上述智能仿真模型很有必要。

用神经网络在线辨识对象，保证了模型的准确性，同时提高了计算速度，为制定供热计划提供了理论依据。以第 3 章标准房间仿真的计算结果（表 4-1 所示）为例，从供水温度的实际值、数值仿真计算值、模型修正值比较表中数据可以看出模型修正后的仿真效果最好。

表 4-1 房间供热模型仿真结果

日 期	时 间	室外温度/℃	供水温度/℃	实回水温度/℃	实室内温度/℃	仿回水温度/℃	仿室内温度/℃	修回水温度/℃	修室内温度/℃
2000－3－1	8:00:00	－12	76	54.52	21.17	58.12	18.25	56.15	20.55
2000－3－1	8:06:00	－9.5	79	59.91	21.04	58.91	19.23	57.79	21.32
2000－3－1	8:12:00	－7	82	61.7	21.88	59.15	20.45	59.27	21.13
2000－3－1	8:18:00	－6.6	82.2	62.15	22.1	60.22	19.12	60.23	21.85
2000－3－1	8:24:00	－6.2	82.4	62.36	22.34	61.15	20.18	61.67	21.34
2000－3－1	8:30:00	－5.8	82.6	62.57	22.54	60.11	18.13	62.13	21.96
2000－3－1	8:36:00	－5.4	82.8	62.77	22.73	59.46	19.17	62.91	22.35
2000－3－1	8:42:00	－5	83	62.97	22.9	60.41	20.14	62.34	22.09
2000－3－1	8:48:00	－6.5	79.5	60.88	22.46	62.68	20.36	61.59	22.79
2000－3－1	8:54:00	－8	76	58.54	22.05	63.14	19.26	59.38	23.11

5　枝状流体网计算机拟人求解方法及其应用

5.1　问题的提出

生活中存在各种各样的网络，如供热网络、供水网络、供气网络、通风网络、交通网络、计算机网络等，如何模拟网络运行以达到对网络参数调控，如流量的控制、预测、故障位置、确定优化调度方案等是我们经常遇到的问题。通常需要建立网络模型并求解来处理这类问题。

网络计算一直是人们关心的问题，本章针对枝状流体网的特点，在比较了以往传统计算方法后，提出了一种与常规完全不同的方法，即不采用矩阵或方程组，而模仿人的思维过程使用逐点累积的线性方法，大大提高了计算的效率和精度。

供热网络是一种以流体为介质的网络，介质运行于地下，其压力、流量、阻力、热量等参数很难准确获得，只有通过设在各个热力站的仪表可以测得这些末梢节点的参数值，进而估算其他节点、管段上的参数。目前，广泛使用的供热系统是一种称为“枝状网”的单热源供热网络形式，结构类似数据结构中定义的“树形结构”。它要求有一个根节点且子节点只有唯一的父节点，如图 5-1 所示。

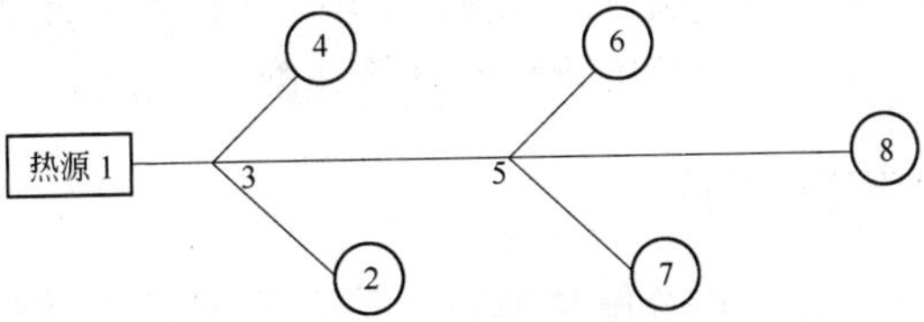

图 5-1　枝状网片断示例图

图 5-1 是一热源为某生活小区供热的片断管网图。设热源（方框）为节点 1，圆圈代表热力站，问题是当已知各热力站的某一参数时，如节点 2、4、6、7、8 的流量 g_2、g_4、g_6、g_7、g_8，求出节点 3、5 的流量 g_3、g_5。

5.2　枝状网的常规解法比较

传统的做法往往借助于矩阵运算，即借助于网络图论的研究成果，将流体网络问题转化为矩阵运算问题，进而用数学的手段求解各种矩阵。如图 5-1 中总共有 8 个节点，7 个支路，可以建立关联矩阵，用矩阵求解或用解方程组的方法。下面比较几种矩阵求解的方法。

5.2.1　直接高斯消去法

它是用逐次消去列元素的方法把方程化成与其等价的三角形方程组。这种方法的优点是程序短小精悍，计算结果准确，占用存储单元少。缺点是计算时间长，随着方程组阶数的提高，程序计算时间以指数级数速度增加，有可能产生“数据风暴”。

5.2.2　高斯赛德尔迭代法

它主要是将方程组 $\boldsymbol{AX}=\boldsymbol{B}$ 改写成 $\boldsymbol{X}=\boldsymbol{GX}+\boldsymbol{F}$，即 $\boldsymbol{X}^{k+1}=\boldsymbol{GX}^{k}+\boldsymbol{F}$，并以此式进行迭代计算。该方法的优点是程序短小，占用存储单元少。在正常情况下计算时间较短，但随着方程组结束的提高，计算时间略有增加。缺点是计算过程需要迭代，而且在某些非正常情况下，如病态矩阵等，这一方法的收敛性差，影响了计算结果的准确性和计算速度。

5.2.3　双因子分解法

它是建立在三角分解法基础上专门针对大型稀疏线性矩阵方程组的直接求解法。它的计算程序分为预处理和实时计算两部分。预处理程序根据网络的拓扑结构建立链表，进行模拟定序，然后将结果存入数据文件，实时计算是以模拟定序的结果为依据，化简线性方程组系数矩阵，然后回代求解。由于考虑了矩阵的对称性和稀疏性，因此，双因子分解法的计算速度较快。但该方法的预处理和实时计算程序结构复杂、庞大。其子程序的长度约为高斯消去法的 5 到 7 倍，其模拟定序结果需要 18 个数组存储。

5.2.4 改进型高斯消去法

它是在原高斯消去法的基础上，增加了对矩阵对称性、稀疏性的处理。在消去每一列元素之前，首先对这一行、列非零元素进行判断，记下改行下表最大的非零元素的位置。消去过程只进行到与该位置对应的列元素，其后的元素肯定为零，不需消去。在消去最后一个非零元素之前，如发现某一列元素为零，则该元素所对应的行就不再需要消去运算。

由于流体网络对应的系数矩阵为对称、稀疏矩阵，只要节点编号选择合理，则矩阵的非零元素将主要集中在对角线附近。对于这样的矩阵，采用上述处理方法，可大大节省计算时间，计算速度虽和双因子分解法差不多，但程序相对简单许多。

以上几种方法会因矩阵规模庞大而无法求解或求解速度很慢，且占用空间太多，其计算速度都将指数级或 n^2 级的 $O(n^2)$，编程实现比较庞大。因此，需要找到一种摆脱矩阵或方程组求解的方法，使网络计算处于代数级 $O(n)$，这样，不论网络多大计算起来都不会出现困难。下面介绍一种基于拟人推理的逐点累积求解枝状网的新方法。

5.3 枝状流体网新解法

从求解枝状流体网络问题及通常的研究其调节方法中发现如下两条规律：(1) 任何一个枝状有向流体网络中除根节点之

外的任意一节点的父节点唯一；（2）任何一个枝状有向流体网络的任一节点（除根节点外）有且仅有一条路径可以寻找到根节点。实际运行调节方法中，在对每一环路的调节时忽略其对网络中其他环路的影响。下面先以图 5-1 为例说明新算法的思想。

图 5-1 要求已知各站的流量，计算全网的流量分布。设根节点（热源）为源，各叶节点（热力站）为汇。每个叶节点的流量均来自于根节点，那么连接于每个叶节点与根节点之间的所有管路均含有该叶节点的流量。可构造算法为：从每一个叶节点出发，分别逐次沿着其父节点的方向搜索，每搜索到一个管路就将该叶节点的流量加到这个管路上，直到寻到根节点。当所有叶节点均把其流量加到了与根节点相连的所有管路上之后，整个网络的流量分布就求出来了。算法编程框图见图 5-2 所示。

该算法除能完成全网的流量分布计算外，还可以：

（1）当已知参考点的压力及各管路的压降，计算全网的压力分布；

（2）确定管网管径，即根据管网的拓扑结构及流量分布，则可初选各管段管径；

（3）确定最大管道输配能力；

（4）分析模拟网络运行工况，即当已知泵的外特性及管网的阻力特性系数时，流体网络的流量及压力分布即可求出，可以模拟流体网络的各种运行工况；

（5）调节阀的选型；

（6）系统扩供影响分析及对策研究等。

在供热工程上具体可以进行如下工作：

（1）优化设计。根据路由和热负荷分布确定最佳管径，保证设计出的管网最经济、最平衡。

（2）确定最大可及流量。根据热负荷分布，在保证热网平衡的条件下，确定系统的最大流量以及各环路的流量和压力的分布。

（3）热网的模拟分析。对已有热网系统进行模拟分析，确定系统多种工况下的流量和压力分布。

（4）部分热力站自控时的模拟分析。当热网中仅部分热力站实现自控时，模拟分析热网系统的流量和压力分布，同时模拟分析自控热力站阀门的调节状态。

（5）全网自控时的模拟分析。当热网中全部热力站自控时，模拟分析热网系统的流量和压力分布，同时模拟分析各热力站阀门的调节状态。

（6）热网扩供。由于热负荷的发展，需在原有热网的基础上扩建某一环路，保证被扩建环路在满足供热需求的条件下管径最小，同时模拟分析出扩建后热网系统的流量和压力分布。

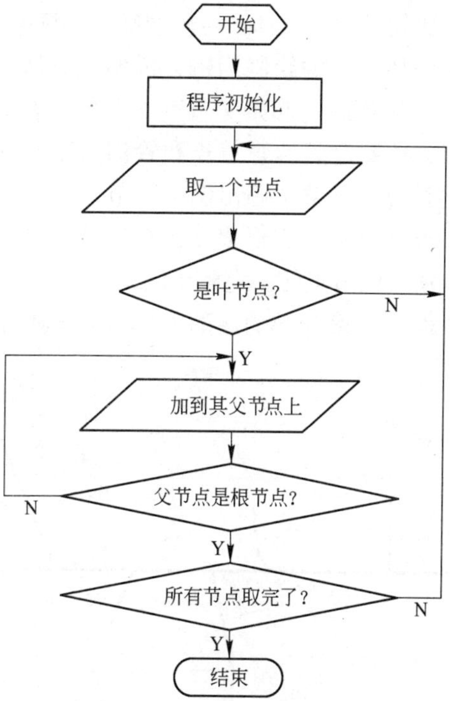

图 5-2 程序流程图

5.4　算例与结论

逐点累计求解网络新方法充分考虑了枝状流体网的特点，简单、高效地解决了长期困扰人们的流体网络计算问题，在枝状流体网计算方面彻底摆脱了基于矩阵的计算思路，为其他网络计算探索出了一条新路。

在供热系统运行管理中，常常要求根据管网数据库中的基本数据，在计算机屏幕上绘出管道及节点网络的几何结构，便于直观查看网络中的数据，为网络优化运行、判断堵、漏故障提供指导。

使用上述算法得到仿真计算的数据如表5-1所示。

和实际值比较可知，该算法比较准确，计算速度快。

下面以网络拓扑图的绘制为例，说明该算法的实用性。按照前面的算法，从首站（起始父节点）开始，在数据库中找到其对应子节点，按照之间的管道长和管沟与正向（水平向右方向）的夹角在计算机屏幕中画出图形，节点（即热力站）用封闭圆圈表示，首站用封闭方形表示，最终找到叶节点便画完一条支路，找完所有叶节点便画完整个网络图。

图5-3是对拥有38个热力站的中型网求解画出的拓扑图。

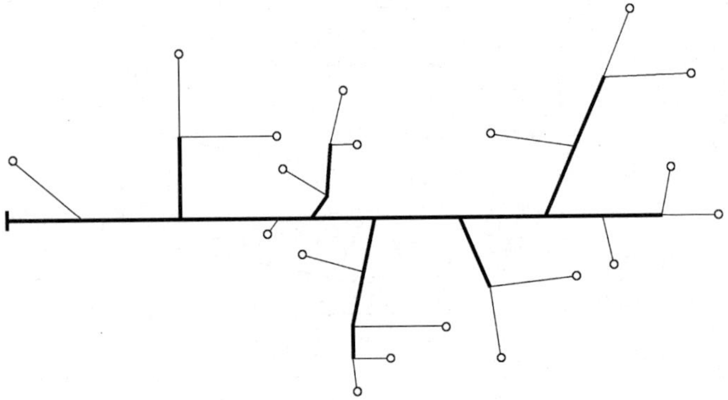

图5-3　求解中型供热网（38个热力站）的拓扑图

表 5-1 系统仿真供热管网计算结果显示

节点号	节点静表压力	节点静压安全余量	管段流量	供水管段压降	回水管段压降	节点供水压力	节点回水压力	节点供水表压力	节点回水表压力	站内剩余压头	管径
1	21	11	550			56750.98	22	56749.98	21	0	
2	20	10	550	10840.26	10840.26	45910.72	10862.26	45908.72	10860.26	0	0.065
3	21	11	100	11.56996	11.56996	45899.15	10873.83	45898.15	10872.83	35025.31	0.125
4	19	9	450	7256.706	7256.706	38654.01	18118.97	38651.01	18115.97	0	0.065
5	18	8	200	5682.992	5682.992	32971.02	23801.96	32967.02	23797.96	0	0.05
6	20	10	250	6.131718	6.131718	38647.88	18125.1	38645.88	18123.1	20522.78	0.2
7	21	11	100	11.56996	11.56996	38642.44	18130.54	38641.44	18129.54	20511.9	0.125
8	15	5	100	4584.528	4584.528	28386.49	28386.49	28379.49	28379.49	0	0.04

图 5-4 是对拥有 102 个热力站的大型网求解画出的拓扑图。

图 5-3 及图 5-4 两图与实际热网拓扑结构相符，证明算法正确。

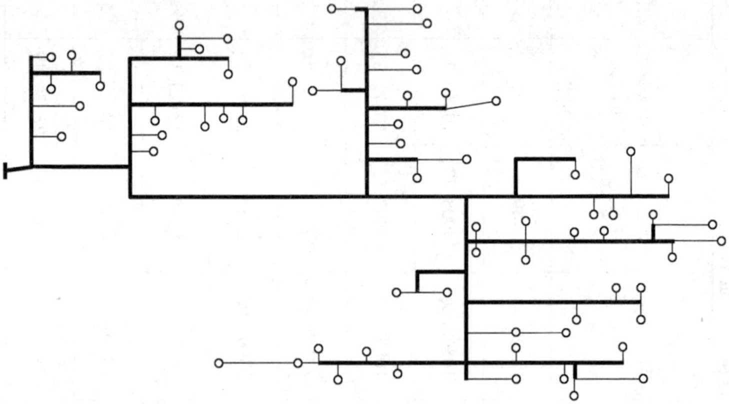

图 5-4　求解大型供热网（102 个热力站）的拓扑图

6 基于多智体多库协同的一种虚拟现实仿真界面构建技术

6.1 概 述

将人工智能融入 Agent 是目前技术发展的方向，这将使 Agent 具有更高智能，不仅具有知识、信念、意图、愿望等心智状态，还有学习、推理、规划、决策和创新能力。如一个理性的 Agent 应当根据对周围世界信息的了解来选择和形成其意向，这是 Agent 的两种重要的观念，即信息和倾向。Moore 在 1990 年研究了 Agent 需要知道什么以达到某种行为，使 Agent 在了解不够完整的信息时还能完成目标动作。而 Cohen 和 Levesque 于 1990 年研究了多 Agent 的协作问题。

Jennings 于 1993 年建立了分层结构的系统，利用信念、愿望、意图指导 Agent 行为，把 Agent 分为领域层和协作控制层。Ferguson 在 1992 年开发了一种混合 Agent 结构，包括直接与环境接口的感知及动作子系统和嵌入到控制框架中的反应、规划、模式层，以实现总体目标。目前，由于分布式智能理论和技术的快速发展，极大地促进了多智能体的研究和应用。

6.2 多智能体系统

多智能体系统 MAS（Multi Agent System）最早出现在计算机软件模块的交互使用中，之后被广泛应用到协同控制、网络控制等领域。下面简单介绍下其主要内容。

6.2.1 智体

智体（Agent）是有智能的实体，在计算机科学中是指一种基于硬件或软件的，具有更高智能的计算机系统。通常指的是一段程序或进程，具有如下特点：

（1）自主性（Autonomy）：Agent 能根据其意图、愿望、信念或习性，在没有人或其他 Agent 直接干涉下运行，并能控制其行为和内部状态。

（2）主动性（Activity）：Agent 能根据内部状态和外部环境，产生面向预定目标的主动行为。

（3）反应性（Reactivity）：Agent 能够接受外部输入刺激，感知周围环境变化，作为代理，接受委托、遵循承诺，产生输出反应动作和行为。

（4）社会性（Sociality）：Agent 之间可以相互通信、分工合作、协同解题，组成多 Agent 的社会或群体，具有“社会性”或“群体性”。

（5）移动性（Mobility）：Agent 可在其所处的环境中随意流动或移动，并在完成用户或其他 Agent 的任务后返回。

根据前面对智体 Agent 特性的描述，许多人提出了各种各样的 Agent 模型，到目前为止，还没有统一的模型，但常包括感知模块、推理模块、控制模块、通信模块、执行模块以及积累的知识、规则、方法的经验库。感知、通信、执行模块负责与环境交互，推理模块根据感知和接受的信息运用已有经验进行存储、判断、规划，最终给出指令，控制模块接受指令驱动通信模块或执行模块动作。一般认为其模型可如图 6-1 所示。

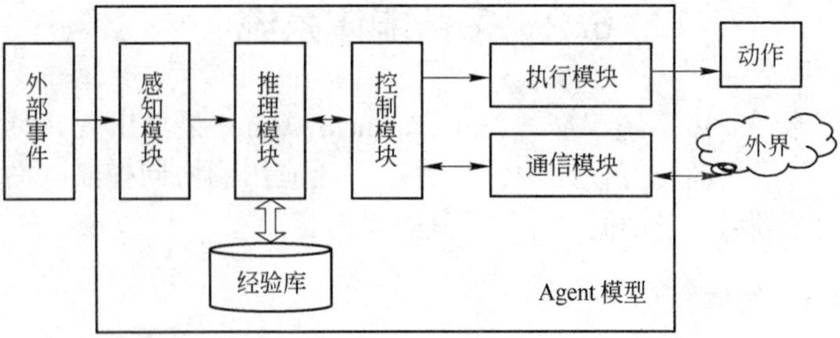

图 6-1　标准智体模型

6.2.2 MAS 的基本概念

MAS 是一个松散耦合的 Agent 网络，这些 Agent 通过交互解决超过单个 Agent 的能力或知识的问题。所谓松散耦合意味着 Agent 把更多时间花在业务处理而不是通信上。MAS 中的 Agent 是自主的，它们可以是不同的个人，采用不同的设计方法和计算机语言开发而成的，因而可能是完全异质的。MAS 具有如下特征：

(1) 每个 Agent 拥有解决问题的不完全的信息或能力；

(2) 没有系统全局控制；

(3) 数据和知识是分散的；

(4) 处理是异步的；

(5) Agent 是异质的、分布的；

(6) 系统是开放的。

MAS 适合于复杂的，开放的分布式系统。现阶段，研究重点是如何用 MAS 模拟社会组织与活动，如专家群体、电子市场、电子商务等，并最终实现用 MAS 模拟人类社会。

6.2.3 MAS 的功能

MAS 是由多个可计算的 Agent 组成的系统。它重点研究 Agent 的互操作性和 Agent 之间的协商与协作等问题。MAS 是通过 Agent 之间的合作来完成任务求解的，主要内容为并发的 Agent 的构造、协调、协作等问题。在 MAS 中，当单个 Agent 无法独立完成任务而需要其他 Agent 帮助时，就导致协作。协同机制就是要进行任务的描述、分解、调度与管理等，合作的关键问题是如何有效地定位合作 Agent。

在设计一个 MAS 时，要使得它具有足够的能力控制其环境，要处理众多不确定的相互矛盾的信息，要处理多个上下文相关、冲突的目标，最后，还必须把它的目标与自己的感知和行为能力相对应。MAS 在解决这些问题时，首先通过与其他

Agent的通信，可以开发新的规划或求解方法来处理不完全、不确定的知识。其次，通过 Agent 之间的合作，MAS 不仅改善了每个 Agent 的基本能力，而且从 Agent 之间的交互进一步理解了社会行为。然后，用模块化风格组织系统。

6.2.4 MAS 的应用

多智体系统的应用研究开始于20 世纪80 年代，近几年呈明显增长的趋势，范围涉及工业制造、工业过程控制、空中交通控制、噪声控制、地面交通管理、农业、电信网和计算机网络、数据库、远程教育、信息提取、数据挖掘、电子商务、专家系统等领域。

20 世纪 90 年代，智能体的研究成为 AI 研究的热点，它广泛地受到了学术界和应用工程领域研究人员的关注。目前针对各种应用领域，出现了各式各样的智能体，如任务智能体、界面智能体、信息智能体、网络智能体、动画智能体等，而且在复杂系统的开发和实现中所起的重要作用也越来越显著。智能体技术和网络技术为建立人机一体化的智能仿真系统及其虚拟现实子系统提供了新的途径和方法。智能体技术使建立一个实现网络化、智能化、集成化的人机协调的 ISS、IVRS 成为现实。因此，研究基于网络环境的和多智体技术的新一代智能系统模型具有重要的意义。

6.3 多库协同调度机制

多库协同调度机制（MBCM Multi Base Cooperating Machine）是智能管理系统的软件实现技术，是协同运行的、多库一体化的软件系统。主要包括多库协同机制和数据库、知识库、模型库、方法库、图形库、图像库、音素库、语料库、文件库、动画库等及其之上对应的管理系统。多库协同机制功能包括：

（1）总控调度：按照协同规划，通过各库的管理系统，进行多库系统的总体控制和分级调度。

（2）协同规划：根据用户需求，通过人机交互，制订协同解题的各库调度规划方案。即面向用户实际问题的多库协同解题的操作步骤和应用程序。

（3）人机协调：接受用户输入的启发信息，对多库协同解题过程进行动态指挥，帮助用户正确使用和访问多库协同系统，实现人机智能结合。

（4）资源共享：多用户、多任务共享多库协同系统的各库资源。

（5）冲突仲裁：协调和处理多库资源共享，协同运行中的时间和空间的冲突仲裁。

（6）通信联络：各库之间的横向通信，用户与各库之间的纵向通信。

多库协同调度机制是在各库管理系统的基础上，对各库进行总体控制，协调调度，相互通信，实现资源共享、协同运行的软件系统。使用最多的 MBCM 如图 6-2 所示。该机制中，各库的地位平等，不分主次，既可以独立运行，又可以协同运行，共同完成任务。

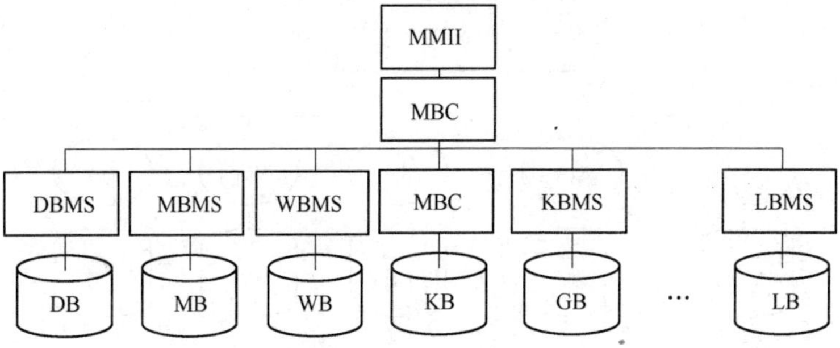

图 6-2　多库协同机制

MMII—人机智能接口；MBC—多库协同机；KBMS—知识库管理系统；KB—知识库；DB—数据库；MB—模型库；WB—方法库；GB—图形库

6.4 基于多智体的分布式多库协同系统

在分布式网络环境下，调度资源已不再集中在一台机器上，而是分布于网络上的不同地区、不同部门。在这种情况下，我们根据多智能体系统（MAS）理论，提出了一种基于多智体的多库协同软件体系结构，如图 6-3 所示。采用了结果共享的多智体合作求解策略。系统中多库协同器是一个协调调度智体，其他智体被称为资源智体，都与多库协同器通信。在多库协同器的协调调度下，每个资源智体完成对自己的资源调用，并合作完成彼此之间的资源共享。具体功能如下：

（1）多库协同调度智体（MBCA）：接受用户或其他智体的任务请求，按其协调规划方案，调度有关资源智体，从而完成多库协调调度的功能。

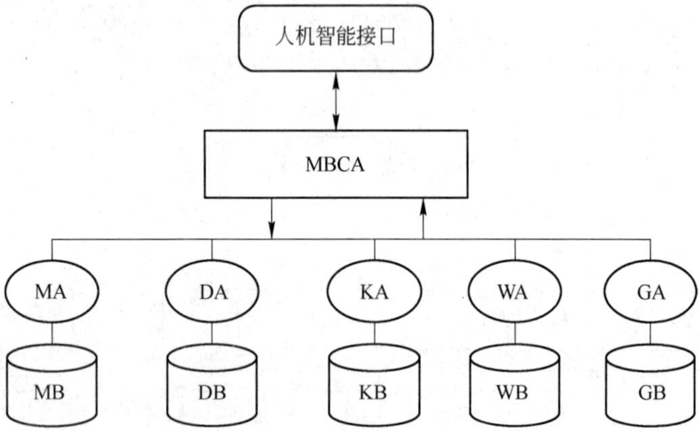

图 6-3 基于多智体的多库协同软件系统

MBCA—多库协同调度智体；MA—模型库智体；DA—数据库智体；KA—知识库智体；WA—方法库智体；GA—图形库智体

(2) 模型库智体（MA）：接受多库协同器发送来的任务指令，回送信息，并完成对模型资源的调用、浏览等任务。

(3) 数据库智体（DA）：接受多库协同器的任务指令，完成对数据库查询、数据的调用等功能。

(4) 知识库智体（KA）：接受多库协同器的任务指令，完成知识调度、知识推理。

(5) 方法库智体（WA）：接受多库协同器发送来的任务指令，完成方法调用、浏览等功能。

(6) 图形库智体（GA）：接受多库协同器发送来的任务指令，完成图形调用、浏览、显示。

(7) 多媒体人机智能界面，在多库支持下，为用户提供文、图、声并茂的人机友好的多媒体交互通信界面。

随着计算机网络的飞速发展，许多应用系统变得越来越复杂，异质、分布是其显著特点。对这样的系统，传统的仿真系统已经无能为力。在这种背景下，分布式人工智能（DAI）及相应的分布式智能仿真系统（DISS）应运而生。分布式系统主要研究在逻辑上或物理上分散的智能系统如何并行地、相互协作地实现问题求解。而 MAS 中，Agent 是自主的，它们可以是不同的个人或组织，采用不同的设计方法和计算机语言开发而成，因而可能是完全异质的。没有全局数据，也没有全局控制。这是一种开放的系统，Agent 加入和离开都是自由的。系统中的Agent共同协作，协调它们的能力和目标以求解单个 Agent 无法解决的问题。在 DAI、DISS 系统中，问题被分解成任务，并且由一些专用的任务处理Agent去求解这些任务。

MAS 将任务细化，采用多个 Agent 分别完成接待、注册、总控、协调、调度、通信等多库协同器的功能，本书采用分层递阶的结构，定义了 6 种智体，即前台 Agent、户籍 Agent、总控 Agent、调度 Agent、协调 Agent、通信 Agent，构成一个多 Agent 的多库协同机，如图 6-4 所示。

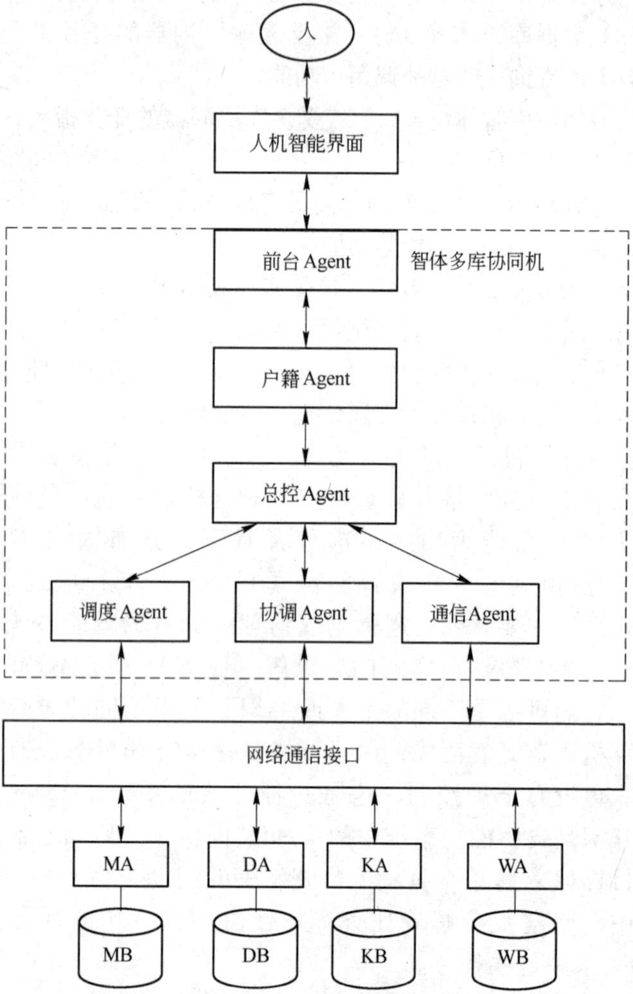

图 6-4　基于 MAS 的多库协同系统

MA—模型库智体；DA—数据库智体；KA—知识库智体；WA—方法库智体

（1）前台 Agent：负责接受输入系统获取的用户信息，并将其通知给户籍 Agent；另外，将计算机输出的信息反送给人机界面，并作用到用户上。

（2）户籍 Agent：对进入及退出系统的用户进行注册和注销，并通知总控 Agent。

（3）总控 Agent：控制协调其他 Agent。总控 Agent 包括两方面的知识：1）有关各 Agent 的能力的知识，包括多库协同器中各 Agent 和各资源 Agent（模型 Agent、数据库 Agent、方法库 Agent 等等）；2）有关多库协同器自身的动态信息，包括当前的任务请求、当前的调度计划、当前的协调规划、当前调度的执行情况等等。主要功能是根据用户的需求，通过人机交互，对求解任务进行分解与细化，形成面向用户实际问题的多库协同的解题规划。根据解题规划，完成其他各智体的任务指派，并协调其他智体。

（4）调度 Agent：接受总控 Agent 分配的调度资源任务，根据其调度规划库，形成调度规划，通知有关资源智体，并提供执行该任务所必需的输入信息，完成资源的调度。

（5）协调 Agent：当多用户（用户 Agent）、多任务（决策任务 Agent）共享同一资源时，就会发生冲突或碰撞，可能导致调度失败。此时，各用户或各任务 Agent 将相关事件提交给协调 Agent 进行处理。协调 Agent 通过总控 Agent 决定哪些资源 Agent 能够提供所需的资源，根据各用户或各任务对资源请求的先后次序或轻重缓急，制定协调规划，协调和处理资源共享，协调运行中的时间和空间的冲突。

（6）通信 Agent：通信主要发生在协商和任务（资源库的调用）执行时信息的传递。多库协同器中的通信 Agent 主要完成各库之间的横向通信以及用户与各库之间的纵向通信。负责：1）将发送给各资源 Agent 的信息以 Agent 通信语言和共享信息模型打包成消息；2）接受和解释从用户和各资源 Agent 发来的消息；3）接受多库协同器自己任务发来的消息。是用户与各资源智体，以及各资源智体通信的桥梁，转换请求与应答的表达方式。

（7）智体多库协同机：定义了智体之间的通信和交互的规则、方法；协调智体与库的关系。对任务进行分解和细化，使任务分析从定性到定量，形成解题规划，调度任务智体及库。工作机理是：接受用户发出的任务请求，推理机分析任务命令，运用知识库的协调规划知识，根据动态数据库各任务的执行情况，制定任务执行规划和协调规划，按照通信协议通知有关资源智体。资源智体执行任务，并回送信息，提交用户和其他决策任务智体，从而实现多库的动态调度和通信。

6.5　基于分布式多智体多库协同的虚拟现实系统

根据前面建立起来的智能数据库管理体系，虚拟现实系统便可以在此基础上建立起来。对象接待 Agent 是系统与用户之间的界面，它们管理各种虚拟现实设备，负责将用户的输入转换成系统可以接收的数据，以便和系统内其他对象进行交互。同时，将系统输出反映到各种虚拟现实设备。这类 Agent 对象的主要功能就是实现虚拟环境的沉浸、交互效果。一般说来，每个用户拥有一个用户接待 Agent 为其服务。当用户期望建立符合自己要求的应用或世界时，它便向总控 Agent 发出请求，总控Agent通过调度 Agent、通信 Agent 启动相应数据库管理 Agent，并在协调 Agent 的指挥下，调出各种图形、图像、语音等信息，根据用户的输入建立虚拟世界的模型。用户要进入虚拟世界时，用户接待 Agent 向智体们发消息，获取虚拟世界的信息，同时还需要向注册 Agent 发消息，为即将生成的参与者对象申请一个 ID 值，然后为用户生成参与虚拟现实应用的工具 Agent，并告知它参与对象要参与的虚拟世界的 ID 值。

6.6 虚拟现实技术在供热系统仿真中的应用

目前，整个供热系统管理软件体系中包括了热网监控子系统、多媒体演示子系统、地理信息子系统、数据处理子系统以及仿真子系统。热网监控子系统负责日常实时跟踪供热过程，获取实时生产工艺信息，下达控制指令；多媒体演示子系统保存了大量的有关供热工程的画面、照片、文本资料及声音资料，可以通过它了解公司简介、供热情况、管理系统概况等信息；地理信息子系统下面挂有许多设备图形库、地理环境图形库等资料；数据处理子系统负责存储、查询、打印生产数据，其下面挂有各种不同时期的生产数据库。仿真子系统负责模拟各种生产过程，进行预测，提供调度方案，其数据来源依赖于其他子系统，在调用数据库时就要运用前面提到的多库协同机制。各子系统在管理总控程序的调度下协调工作。

由于人的绝大部分信息来自于视觉、听觉，所以，首先在虚拟现实中创造视觉和听觉的真实效果至关重要，在供热仿真系统中，用户想做房间仿真，便可以通过鼠标驱动接待 Agent，在总控 Agent 的引导下，进入一个虚拟的房间，在该房间内，用户可以听到房间情况介绍，听到供热循环水声，看到房间的结构、温度计显示的室内、外温度，触摸到供水管提示的供水温度以及触摸到回水管显示回水温度，进而判断当前的供热质量，做出调度计划。

同样，在做热力站仿真时，用户可以进入热力站，看到热力站工艺流程，听到对热力站的介绍，触摸某设备后，可进一步了解设备参数，通过通信 Agent 知道热网供热能力及其他热力站供热情况，对本站阀门开度做出评价，根据优化调度策略设定本站阀门开度。

6.7　本章小结

本章深入分析了智体及多智体的工作机制，把它引入分布式数据库协同调度体系中，利用该体系构建虚拟现实系统，提出基于多智体 MAS 和具有智能特性的分布式多库协同 DMBC 技术的虚拟现实系统，并把它应用到供热大系统的智能仿真中，取得了较好的效果。

7 供热系统最经济运行的一种实时分级优化算法

7.1 供热系统最经济运行问题与对策

供热大系统中流量和温度是两个主要调度资源参数，也是两个主要可控制变量。如何在供热工程中，合理、均匀、安全供热，即在平稳安全、不会发生事故的前提下，满足用户的需求并且实现经济供热，这是供热公司始终关心的问题，也是科技工作者不断追求的目标。

目前，在供热系统中，大多采用单热源供热，这也是我们主要研究的对象。热源到热力站可以描述为一种枝状网络，同时从热力站到用户也可以描述为与前面同构的网络，如图 7-1 所示。

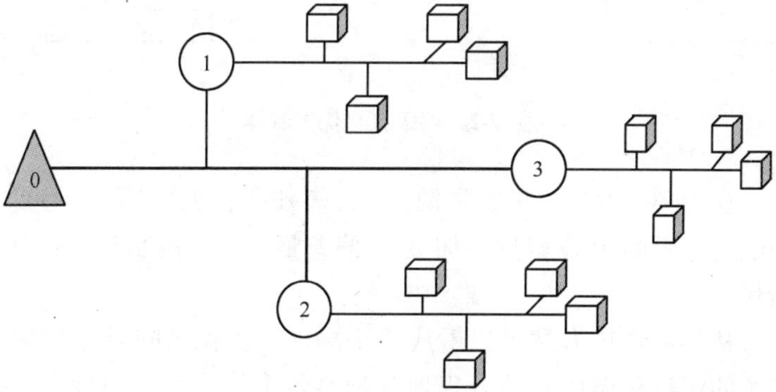

图 7-1　供热系统简图

0—热源；1，2，3—热力站；□—各种用户房；一 —供回水管道从图 7-1 中可知，该系统的优化运行问题，可以分成两级，从热源到各个热力站为上级，可以构造一个全局自协调优化控制器，完成系统全局优化调度控制；从热力站到用户为下级，可以构造局部自寻优控制器，对下级各局部子系统进行优化分散调度控制。这样，上、下两级构成集中控制与分散控制相结合的递阶控制系统，在下级各子系统局部自寻优的基础上，通过上级协调控制实现大系统的全局最优化。同时，这种方案也保证了全局优化调度的实时性。整体方案如图 7-2 所示。

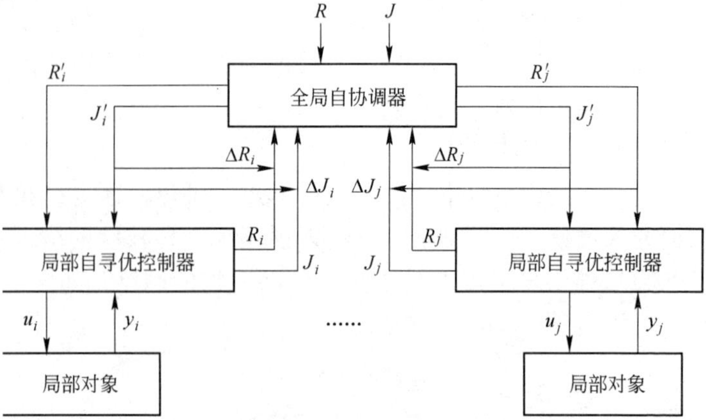

图 7-2　两级自寻优控制器

在图 7-2 中，R 代表资源；J 代表任务；加“$'$”的为实际分配量，否则为计划量；加 Δ 为偏差量，u 为控制量，y 为反馈量。

从热源到热力站可以看成一个局部，优化的问题是如何将热源的流量和温度经济合理地分配给各个热力站，同理，从热力站到用户也可以看成一个局部，这时，热力站相对用户就是热源，用户就是热力站。

7.2 基于分解协调实时优化策略及均摊算法

7.2.1 概述

供热量的均匀调节是供热系统运行调节的一个重要方面。当热源的供热能力很充足时，各热用户能从热网上获得其需要的热量，热量的分配是均匀合理的。而当热源的供热能力不充足时，各热用户纷纷开大阀门，出现争抢热量的问题，此时应按比例限制各热用户的热量。

在下级各子系统局部优化的基础上，设计一个大系统全局自协调控制器，避免出现热网运行的失衡现象，最终实现全局优化。

7.2.2 大系统全局自协调优化器实现策略

（1）确定供热系统的最大可及流量。所谓最大可及流量是指保证供热系统不发生水力失调的最大可能达到的流量。其具体计算方法在“热网仿真”中给出。一般需留出5% ~10%的余量。

（2）确定系统的最小可及流量。所谓最小可及流量是指为了系统安全及不发生垂直失调（直供系统中）时对最小流量的限制。

当系统以最大可及流量运行时，其供水温度则代表了热源的供热能力，而室外温度则代表了热网的热负荷。当两者恰好匹配时，则表明达到了理想的工况。通过“热力站仿真”可以求出热源供水温度的理想值 T_{1R} 与室外温度 t_0 的函数关系，即确定了

$$T_{1R}=f_1(t_0)$$

当系统以最小可及流量运行时，亦可通过“热力站仿真”求出热源供水温度的理想值 T'_{1R} 与室外温度 t_0 的函数关系，即确定了

$$T'_{1R}=f_2(t_0)\text{且}T'_{1R}>T_{1R}$$

(3) 确定节点温度场。由于热网中热损失的存在，各节点的温度不同，一般规模的直埋管网温度偏差在 ±2℃以内。对于控制精度要求不是很高的系统，可以不必考虑温度偏差的修正。而对于控制精度要求很高，则需进行相应的修正。因为温度偏差的存在，各热力站在室外温度相同时的热源供水温度不同，因此对于各热力站均有自己的供水温度与室外温度的函数关系：

$$T_{1Ri}=f_{1i}(t_0)$$

$$T'_{1Ri}=f_{2i}(t_0)$$

(4) 室外温度的修正。首先室外温度的传感器应放在百叶箱内，同时安装位置各热力站应一致。在安装之前应进行校准。尽管如此，也仍有可能存在偏差，一般偏差在 ±1℃之内。为了精确控制进行必要的修正，以减少这种偏差。

当实际供水温度 T_{1g}满足下述条件时：

$$T_{1R}<T_{1g}<T'_{1R}$$

则系统的流量必为最大可及流量与最小可及流量中间的值。因此各站流量可以满足按需供热的要求。

当实际供水温度 T_{1g}满足下述条件时：

$$T_{1g}=T_{1R}$$

则热源的供热能力恰好，系统达到最大可及流量，若 $T_{1g}<T_{1R}$则热源的供热能力不足，系统将会出现争抢流量的问题，此时应进行热量均摊，即同时降低热力站的需求，相当于相对提高各站的室外温度 T'_0。则 T'_0可由下式计算：

$$T'_0=F_1(T_{1g})\quad(F_1\text{为}f_1\text{的反函数})$$

当实际供水温度满足 $T_{1g}=T'_{1R}$时，则系统达到最小可及流量，若 $T_{1g}>T'_{1R}$，则系统流量会小于最小可及流量，此时亦应进行热量均摊，即同时加大各站的需求，相当于同时降低各站的室外温度 T_0''。则 T_0''可由下式计算：

$$T_0''=F_2(T_{1g})\quad(F_2\text{为}f_2\text{的反函数})$$

7.2.3　基于 MAS 的供热系统调度均摊算法

对多智体系统来说，每一个智体都是自治的、实时性很强的基本模块单元，各个高度自治的智体相互作用、相互合作与协调，构成了一个强自治、松耦合的功能实体。

从多智体系统的结构来看，大致有集中式、层次式、总线式（平行时）、网状式，根据图 7-1 的供热系统结构，可选用集中式，其结构如图 7-3 所示。

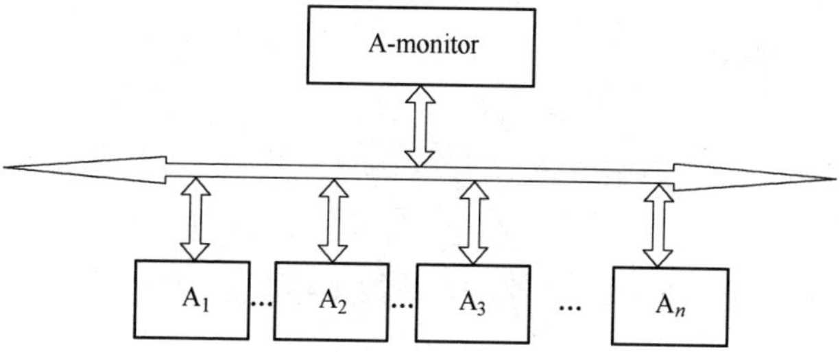

图 7-3　多热力站智体系统

A-monitor 智体起协调调度作用，$A_1, \cdots, A_n$ 分别为各热力站智体接受调度智体的任务分配。当热源能力充足时，各热力站的需求都可以满足；当热源能力不足时，各热力站的二次供水温度的设定值应都降低，当低到一定程度时，热源的能力就变得充足了，自控系统将重新起作用了。为了在热源能力不足时保证各热力站二次供水温度相同且最大限度地利用热源，需将各热力站的二次供水温度的设定值降到热源能力恰好满足的情况下。

采用热量均摊策略，即根据室外温度的变化，采用供热补偿策略确定热力站的二次供水温度的设定值，通过 PID 控制保证二次供水温度为设定值。当一次供水温度低于一次供水温度的设定值时，说明热源能力不足，采用热量均摊策略确定二次供水温度的设定值，与北欧国家在热源能力不足时靠流量限制阀来均摊流量的方法相比，无疑节省了大量的资金。以流量为例，调度算法为：

(1) 计算各热力站流量需求，并得到总需求量；

(2) 计算总需求量与热源的供给量之比，用该参数修正各热力站计划需求量；

(3) 对特殊用户可采用变参数加权分配的思想进行资源分配。

在 A-monitor 智体中，统计各热力站计划流量需求 Q_i' 及计划总需求量 Q_m'，其中，

$$Q_m' = \Sigma Q_i'$$

而实际各热力站流量 Q_i 及实际总流量 Q_m 有如下关系：

$$Q_m = \Sigma Q_i$$

令 $\zeta = Q_m / Q_m'$，则分配到各热力站的实际流量为：

$$Q_i = \zeta \cdot Q_i'$$

当出现特殊用户时，如医院等不满足上述的平均分配策略，可采取加权参数调节法，即：

令 $\Sigma \alpha_i = 1$，则

$$Q_m = \Sigma(\alpha_i \cdot Q_i)$$

按不同用户需求给出各热力站智体 $A_1, \cdots, A_n$ 的权重参数 α_i，这样就实现了即使热源不足时用户也可满意的分配策略，避免了水利失调等问题。由于各智体推理模块中设有类似黑板的公告牌，所以可以用于计算以及它们之间的协调。

7.3　局部自寻优控制器

7.3.1　供热系统优化调度模型

以热源到热力站为例，忽略管道热损失，可以建立如下优化运行的模型：

$$J = \min P_{\mathrm{d}} + P_{\mathrm{r}}$$

$$= \min \sum_{i=1}^{m} C_{\mathrm{d}} k G_i R_i L_i (1 + a_i) n_0 / (\rho \eta_i) + c_{\mathrm{r}} G_i n_0 (t_{\mathrm{g}i} - t_{\mathrm{h}i}) / \rho$$

式中 J——热网运行总成本；

P_{d}——消耗的电费；

P_{r}——消耗的热费；

C_{d}——电价；

k——模型系数，一般取 0.000278；

G_i——第 i 段流量；

R_i——比摩阻（单位长度压力损失）；

L_i——第 i 段管长；

a_i——局部阻力当量；

ρ——流体介质密度；

η_i——电机效率；

n_0——年工作小时数；

c_{r}——热价；

$t_{\mathrm{g}i}$，$t_{\mathrm{h}i}$——第 i 热力站供、回水温度；

m——热力站个数。

该模型的约束条件如下。

各热力站分配的流量之和不大于热源的总流量 G_0，即：

$$\sum_{i=1}^{m} G_i \leqslant G_0, G \geqslant 0$$

供、回水温度要小于热源供水温度且大于 0，即：

$$0 < t_{\mathrm{h}i} < t_{\mathrm{g}i} < t_{\mathrm{g}0}$$

楼房垂直失调度，它是指各层散热器之间不按比例放热的现象，用 α 表示，它是室内、室外、供回水温度的函数。一般要求：

$$\alpha > 0.8$$

小区水平失调度，它反映了供热实际运行过程中，热用户或散热设备要求的流量（即计算所需的流量）没有满足而造成用户过冷过热现象的程度，一般用实际流量 G_{s} 与规定（计算）流量 G_{j} 的比值 X 来表示：

$$X=\frac{G_{\mathrm{s}}}{G_{\mathrm{j}}}>0.85$$

综上所述，该模型是一个非线性组合优化问题，可以采用下面实用遗传退火算法求解。

7.3.2　一种改进的遗传退火优化算法

近年来，随着科技进步，市场对质量需求日益提高，人们要解决的问题越来越复杂多变，仅靠追求问题模型的精确性已很难获取正确的结果，而智能技术更加显示了其优越性。遗传算法由于具有鲁棒性、全局最优性、不依赖于对象模型并具有并行性和高效性等诸多优点成为理论和应用研究的热点，广泛应用于各种领域，成为求解优化问题的有力工具。

最近，基于马尔科夫链的定量的数学证明认为，简单遗传算法不是全局收敛的，而带最优个体保留的遗传算法是全局收敛的。但后者的结论建立在搜索时间趋向无穷且把变异操作作为主要搜索的基础上，然而，实质上的遗传算法的主要搜索工具是交叉操作。

简单地按常规遗传算法进行编码、定义串适应度函数、产生初始种群并计算各个体的适应度、复制、交叉、变异，重复操作而构成的大循环却存在一些问题，即人们公认的收敛速度慢和早熟（提前收敛）等问题。特别在工程应用中这两个缺点成为该理论推广使用的瓶颈。有关理论上改进的方法很多，但大多不能很好解决工程实用的问题。

遗传算法的局部搜索能力不如模拟退火算法，而模拟退火算法对整个搜索空间状况了解不多，不便于使搜索过程进入最有希望的搜索区域，从而使其运算效率不如遗传算法高。如能将遗传算法和模拟退火算法结合起来，可能产生性能更加优良的全局搜索算法。

7.3.2.1　遗传操作

遗传操作是模拟生物基因的操作，它的任务就是根据个体的适应度对其施加一定的操作，从而实现优胜劣汰的进化过程。从优化搜索的角度而言，遗传操作可使问题的解逐代地优化，逼近最优解。

遗传操作包括以下三个基本遗传算子（genetic operator），即选择、交叉、变异。选择和交叉基本上完成了遗传算法的大部分搜索功能，变异增加了遗传算法找到接近最优解的能力。

A 选择

选择（selection）是指从群体中选择优良的个体并淘汰劣质个体的操作。它建立在适应度评估的基础上。适应度越大的个体，被选择的可能性就越大，它的“子孙”在下一代的个数就越多。选择出来的个体放入配对库（mating pool）中。目前常用的选择方法有以下几种：

轮盘赌方法（roulette wheel model）：又称为适应度比例法，是目前遗传算法中最基本也是最常用的选择方法。设群体的大小为 N，个体的适应度为 f_i，则个体 i 被选择的概率 P_{si} 为：

$$P_{si}=f_i/\sum N$$

从上式中可以看出，概率 P_{si} 反映了个体 i 的适应度值在整个群体适应度总和中所占的比例，个体的适应度值越大，它被选中的概率就越高，体现了“适者生存，不适者被淘汰”这一自然选择原理。被选中的个体被放入配对库中，随机地进行配对，以进行下面的交叉操作。

最佳个体保存法（Elitist model）：把群体中适应度最高的个体不进行配对交叉而直接复制到下一代。这样做的好处是保证了进化过程中某一代的最优解不被交叉和变异操作所破坏。但这也带来了弊端，即局部最优的遗传基因会急速增加而使进化停滞于局部最优解，也就是说，这种方法影响了遗传算法的全局搜索能力。因此，最佳个体保存法通常不单独使用。

B 交叉

交叉（crossover）是指把两个父代个体的部分结构加以替换重组而生成新个体的操作。交叉的目的是为了能够在下一代产生新的个体，就像人类社会的婚姻过程。通过交叉操作，遗传算法的搜索能力得以飞跃性的提高。交叉是 GA 获取新优良个体的最重要手段。

交叉操作是按照一定的概率 P_c（即交叉概率，也称交叉率）在配对库中随机地选取两个个体进行的。交叉的位置也是随机确定的。交叉率 P_c 的值一般取得很大，在 0.6 到 0.9 之间。交叉算子分为以下几种：一点交叉（简单交叉）、两点交叉 、多点交叉、一致交叉（均匀交叉）。根据不同的问题，可以采用多种不同的交叉方式，如部分匹配交叉、顺序交叉和周期交叉等。对于复杂的多变量问题，一般说来，采用均匀交叉和两点交叉比一点交叉的效果要好。

C　变异

变异（mutation）就是以很小的概率 P_m（变异概率，即变异率）随机地改变群体中个体（染色体）的某些基因的值。变异操作的基本过程是：对于交叉操作中产生的后代个体的每一基因值，产生一个［0，1］之间的伪随机数 R_{nd}，如果 $R_{nd} < P_m$，就进行变异操作。在二进制编码方式中，变异算子随机地将某个基因值取反，即“0”变成“1”，或“1”变为“0”。

变异本身是一种局部随机搜索，与选择、交叉算子结合在一起，就能避免由于选择和交叉算子而引起的某些信息的永久性丢失，保证了遗传算法的有效性，使 GAs 具有局部的随机搜索能力；同时使得遗传算法保持群体的多样性，以防止出现未成熟收敛。变异操作是一种防止算法早熟的措施。

在变异操作中，变异率不能取得太大，如果 $P_m > 0.5$，遗传算法就退化为随机搜索，而遗传算法的一些重要的数学特性和搜索能力也就不复存在了。

7.3.2.2　适应度计算

在遗传进化的初期，通常会出现一些超常的个体，若按照比例选择法，这些异常个体因竞争力太突出从而控制了选择过程，影响算法的全局优化性能。因此应适当变换适应度函数来缩小个体的适应度差异以降低选择强度；在遗传进化的后期，即算法接近收敛时，由于群体的个体间适应度值差异较小，继续优化的潜能较低，因此此时应放大个体间的适应度值的差异，以提高选择强度，使遗传算法收敛到一更优解。

同时，为避免早熟现象，引入扰动因子

$$a = a_0 f\left[d(x_i - x_0), n\right]$$

式中 x_i——第 i 条染色体；

x_0——当前代最好的染色体；

a_0——常数，$a_0 \in (0,1)$；

$d(\cdot)$——Hamming 距离；

n——种群数量。一般可取：

$$a = a_0 \cdot n/d$$

当种群较小且染色体距离较大时，扰动因子不必太大，相反时须加大扰动因子。

若原适应度为 $f(\cdot)$，则新适应度 $g(\cdot)$ 可取为：

$$g = a \cdot f$$

7.3.2.3 遗传操作的进一步改进

选择操作采用轮盘赌法，交叉变异的概率按照如下规则选取，设 G_{max} 为每代群体中最大适应度值，G_{avg} 为平均值，G_c 为交叉串取大适应度值，G_m 为待变异适应度值，则：

(1) $|G_{max} - G_{avg}|$ 较小时，G_{avg} 偏大，为使算法稳定，P_c、P_m 取较小值；反之亦反；

(2) $|G_c - G_{avg}|$ 较小时，P_c 取大，淘汰劣质个体，反之亦反；

(3) $|G_m - G_{avg}|$ 较小时，P_m 取大，保护优秀个体，反之亦反。

可按上述规则用模糊算法确定。

7.3.2.4 终止条件

终止条件包括：

(1) 到指定终止代数;
(2) 连续迭代目标函数值基本不变。

7.3.2.5 算法步骤

算法包括如下 9 个步骤:
(1) 进化代数计数器初始化;
(2) 随机产生初始种群;
(3) 评价群体的适应度;
(4) 个体交叉操作;
(5) 个体变异操作;
(6) 个体模拟退火操作;
(7) 评价群体适应度;
(8) 个体选择、复制操作;
(9) 终止条件判断。若不满足终止条件,则转到第 (4) 步,继续进化过程;若满足终止条件,则输出当前最优个体,算法结束。

7.4 改进遗传算法算例分析及应用

7.4.1 仿真实例

为了验证改进遗传算法的有效性,进行了大量的仿真实验,下面取一典型函数为:

$$f(x) = x + 10\sin(5x) + 7\cos(4x)$$

第 5 章已对其进行了辨识,它是一个具有多峰值的非线性函数,最大值在 x 为 7.8569 时取得 24.8554,优化中种群数为 80,二进制编码的码长为 10,交叉概率为 0.9,变异概率为 0.001,经过 5 代即可得到最优值,所取的 10 个采样点全集中到最优点上,比一些文献所述的效果好些,如图 7-4 所示为计算机仿真计算界面。

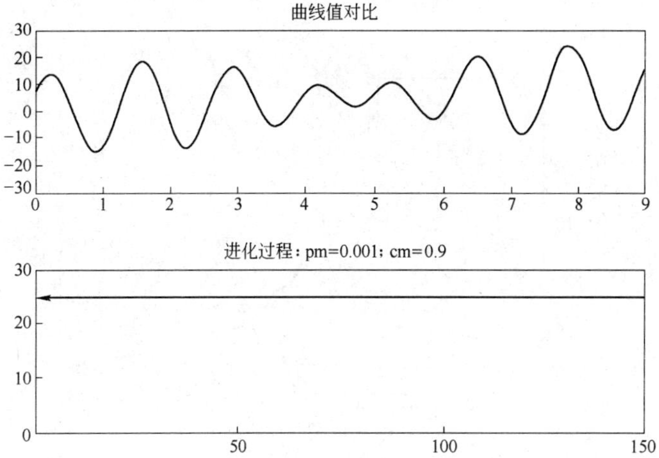

图 7-4　改进遗传算法的计算结果

同时，改进前寻优效果和速度也不如改进后，优化前后的效果显示如图 7-5、图 7-6 所示。

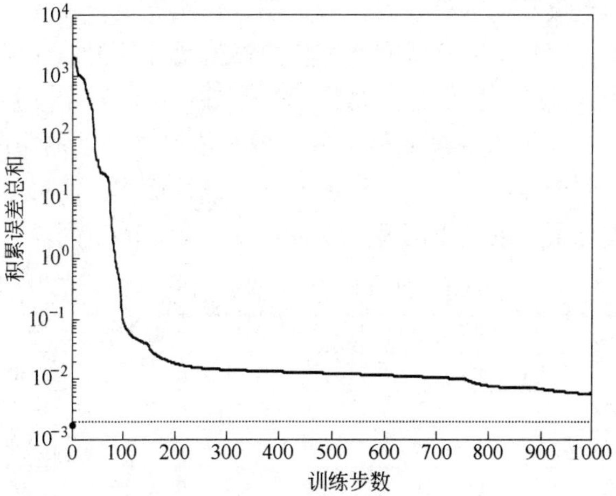

图 7-5　改进前优化效果

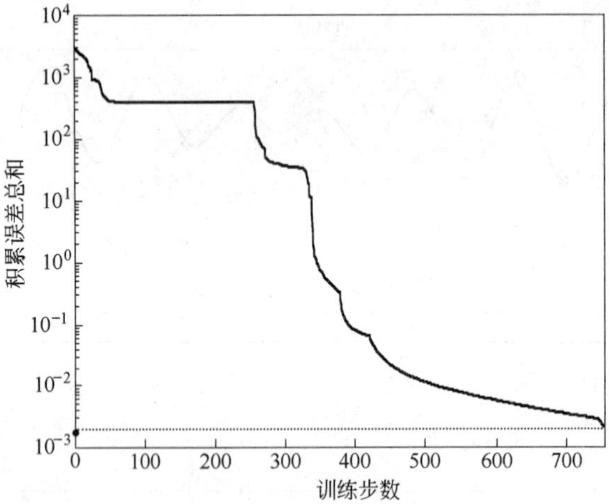

图 7-6　改进后优化效果

7.4.2　应用实例

在 7.3.1 小节内容中给出的供热系统优化调度模型中，当给出热力站数量等基本参数后，如果热源供水充足，就有必要进行优化调配，这时优化模型中除了热力站流量和热力站交换器供回水温度为变量外，其他都是常量，每个热力站的三个变量编成一个组，确定好每个变量取值范围，最小值取为各站的实际需求，最后串成一个染色体，克服约束条件，进行优化，便可得到最优值，可参见供热系统优化运行后的结果，如表 7-1 所示。

表 7-1　供热系统优化运行后的结果

日　期	时间	站名	P1G	P1H	T1G	T1H	F1H	Z0
1999 - 12 - 17	08：00	21	0.56	0.25	79.4	54	30	75
1999 - 12 - 17	08：00	37 - 1	0.58	0.25	88.2	51	45	52
1999 - 12 - 17	08：00	37 - 2	0.69	0.3	87.4	59	144	42
1999 - 12 - 17	08：00	38 - 2	0.59	0.28	86.2	50	18	80
1999 - 12 - 17	08：00	39 - 1	0.53	0.32	85.1	59	166	53

续表 7-1

日　期	时间	站名	T0	P2G	P2H	TC	T2G	T2H
1999 - 12 - 17	08：00	21	-5	0.33	0.17	64.3	57	47.5
1999 - 12 - 17	08：00	37 - 1	-1	0.36	0.29	59.6	60	49.4
1999 - 12 - 17	08：00	37 - 2	-5	0.36	0.28	65.2	65	48.6
1999 - 12 - 17	08：00	38 - 2	-4	0.34	0.29	62.8	56	45.3
1999 - 12 - 17	08：00	39 - 1	-7	0.4	0.25	64.2	64	51.9

优化后与优化前相比，一次供水流量 F1H 和二次供热温度 T2G 有明显减低，P1G 为一次供热线供水压力，P1H 为一次供热线回水压力，T1G 为一次供热线供水温度，T1H 为一次供热线回水温度，P2G 为二次供热线供水压力，P2H 为二次供热线回水压力，T2G 为二次供热线供水温度，T2H 为二次供热线回水温度，TC 为二次线供水计算温度，Z0 为一次线供水计算温度，T0 为室外温度。可参见第 8 章的效益分析。

8 供热大系统智能仿真的实现

8.1 供热系统仿真界面

按照第4章模型的设计供热系统仿真软件，界面力求简洁明快、操作方便，主界面如图8-1所示。

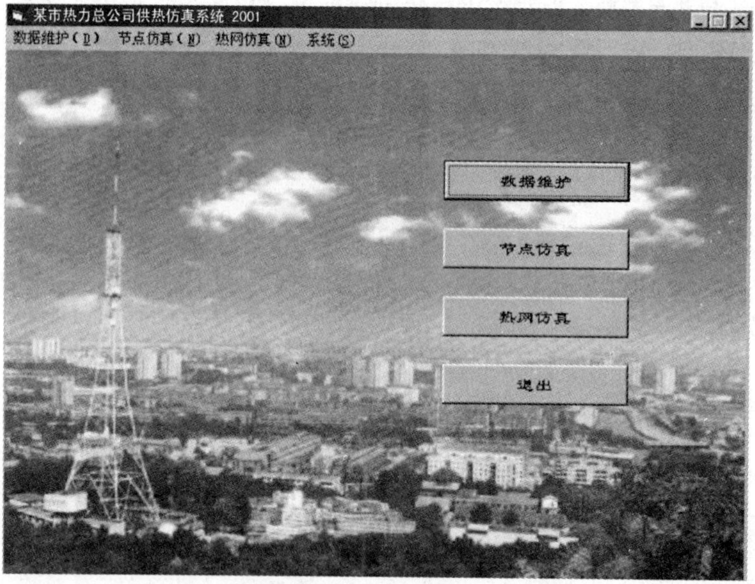

图8-1 某市热力总公司供热仿真系统主界面

某市热力总公司供热仿真系统功能框架如图8-2所示。

其中某一数据库子界面如图8-3所示。

一些功能通过简单的按钮操作，如图8-4所示。

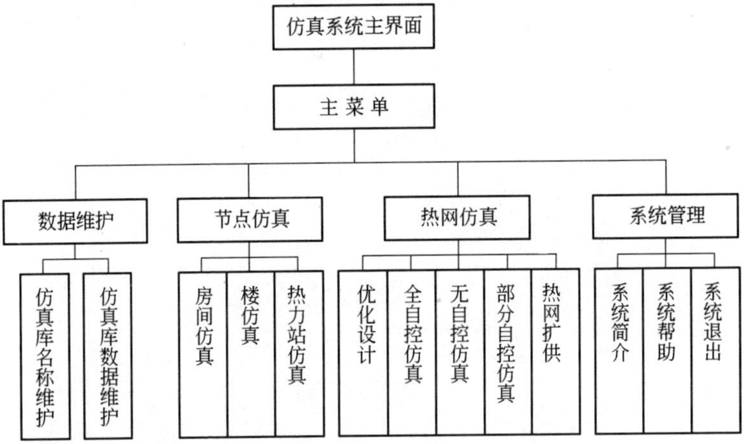

图 8-2 某市热力总公司供热仿真系统功能框架

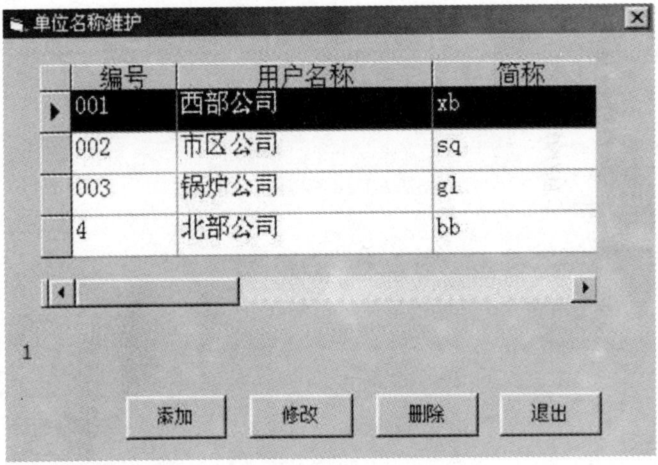

图 8-3 仿真系统的某一数据库子系统

现以房间仿真为例，说明供热仿真实现过程。

（1）数据录入界面如图 8-5 所示。

（2）插值后仿真开始。

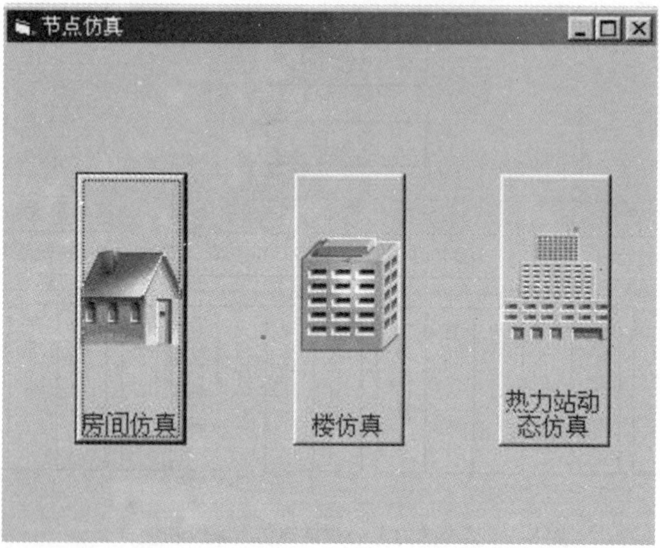

图 8-4 简单的按钮操作

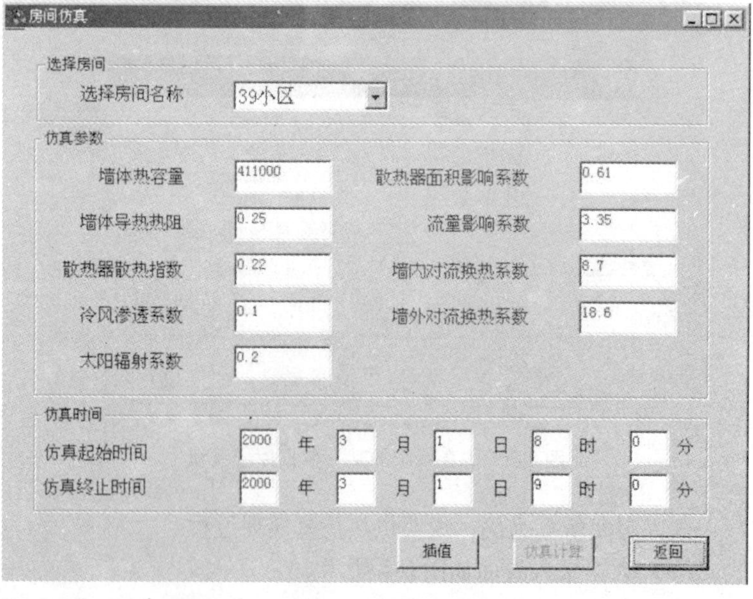

图 8-5 数据录入

(3) 仿真结果显示，包括：

1) 组态显示，如图8-6所示为主运行界面。

2) 趋势图显示。

3) 数据库表显示。

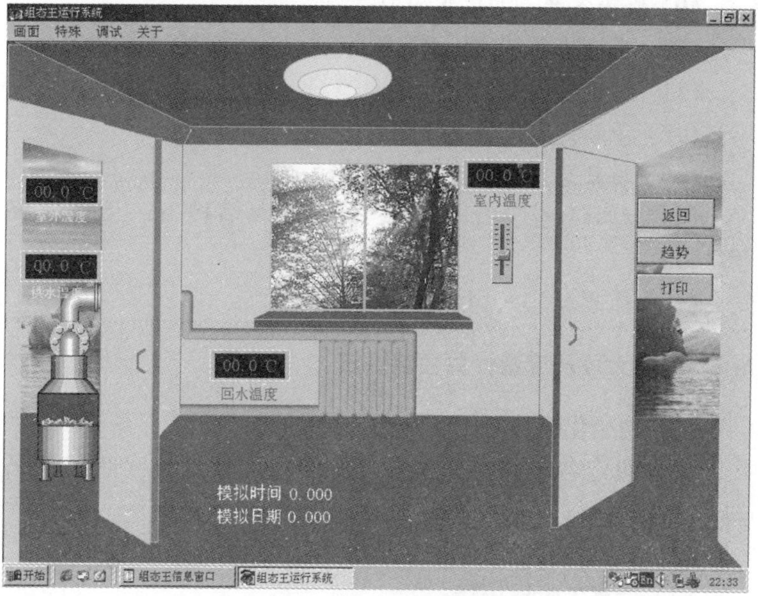

图8-6 组态主运行界面

8.2 供热系统主要仿真模块算法

8.2.1 优化设计模块算法

优化设计模块算法包括：

(1) 已知各环路的流量，计算全网流量分布；

(2) 选定经济比摩阻，初选各管段管径；

(3) 计算各管段的阻力特性系数；

(4) 计算各管段压降；

（5）已知根节点回水压力，计算各节点回水压力；

（6）假定根节点供水压力，计算各节点供水压力；

（7）计算各节点压差；

（8）判断最不利环路；

（9）修正各节点的供水压力；

（10）再计算各节点压差；

（11）计算站内剩余压差；

（12）重新计算各分支环路的比摩阻；

（13）重新选择各分支环路的管径；

（14）计算各分支管段流速，大于3m/s者按3m/s重新选择管径；

（15）重复（3）~（14）计算。

8.2.2　最大可及流量计算模块算法

（1）初始化泵的工作点（流量）；

（2）假定各环路的流量，计算全网流量分布（热负荷已知）；

（3）计算各管段阻力特性系数（管径已知）；

（4）计算各管段压降；

（5）已知根节点回水压力，计算各节点回水压力；

（6）假定根节点供水压力，计算各节点供水压力；

（7）计算各节点压差；

（8）判断最不利环路；

（9）修正各节点供水压力；

（10）再计算各节点压差；

（11）计算站内剩余压头；

（12）计算泵内进出口流量；

（13）计算管网总阻力特性系数；

（14）计算泵的工作点（流量）；

（15）修正各管段流量；

(16) 重复 (2) ~ (15) 计算，直到相邻两次泵的工作点（流量）的计算结果小于某精度要求为止。

8.2.3 非自控方式仿真模块算法

非自控方式仿真模块算法包括：
(1) 已知各分支环路流量，计算各管段流量分布；
(2) 计算各管段阻力特性系数；
(3) 计算各管段压降；
(4) 已知根节点回水压力，计算各节点回水压力分布；
(5) 假定根节点供水压力，计算各节点供水压力分布；
(6) 计算各节点压差；
(7) 判断最不利环路；
(8) 修正各节点供水压力；
(9) 再计算各节点压差；
(10) 计算站内剩余压差；
(11) 计算泵的进、出口流量；
(12) 计算管网的总阻力特性系数；
(13) 确定泵的工作点（网与泵匹配）；
(14) 若假设的流量计算出的泵的流量与泵的工作点不同时，修正各管段流量，直到两者偏差满足精度要求为止［重复(1)~(14) 计算］；
(15) 计算站内最大剩余压差；
(16) 根据节点压差不变的假设，修正各分支环路的流量，［重复 (1)~(16) 计算］直到站内最大剩余压差小于精度要求为止。

8.2.4 热网扩供模块算法

(1) 输入扩供位置及扩供管段的路由和流量；
(2) 假定各环路流量，计算全网流量分布；
(3) 计算各管段阻力特性系数；

(4) 计算各管段压降；

(5) 已知根节点回水压力，计算各节点回水压力分布；

(6) 假定根节点供水压力，计算各节点供水压力分布；

(7) 计算节点压差；

(8) 判断最不利环路；

(9) 修正供水压力；

(10) 再计算节点压差；

(11) 计算扩供管段阻力特性系数及单长阻力特性系数；

(12) 计算站内剩余压差；

(13) 计算泵供回水流量；

(14) 计算管网总阻力特性系数；

(15) 计算泵的工作点；

(16) 修正各管段流量；

(17) 重复 (2) ~ (16) 计算，直到管网与泵匹配为止；

(18) 计算站内最大剩余压差；

(19) 根据节点压力不变的假设，修正各分支环路的流量，[重复 (2) ~ (19) 计算] 直到站内最大剩余压差小于精度要求为止；

(20) 计算扩供管段的比摩阻及管径；

(21) 当扩供管段流速大于 3m/s 时按 3m/s 重选管径。

8.3　经济效益分析

大型供热系统的智能仿真软件商用化后，该软件将面向全国近千个供热公司、几百个设计院、多所高等院校的广阔市场，销售潜力巨大。下面分析应用该软件的主要效益。

8.3.1　优化设计节约供热管网的初投资

五家庄供热系统，原设计供热面积 $57.2\times10^4m^2$，主管径 DN500，现实际供热面积 $32\times10^4m^2$，各管段的管径原始数据以及利用仿真优化设计模块选取经济比摩阻选 60 ~ 80 Pa/m 的仿真计算各管段管径结果见表 8-1。经对比原管网的各支线设计管径明显偏大。

表 8-1 五家庄供热系统优化设计前后管径

站 名	9	11-1	11-2	11-3	12	草场街	煤医
原设计管径	DN300	DN150	DN250	DN150	DN300	DN250	DN350
优化设计选择的管径	DN250	DN125	DN200	DN125	DN80	DN125	DN300

按上述两种设计的管网计算初投资，则原有管网的工程总投资为 528.22 万元，优化设计后给出的管网工程总投资预算为 464.04 万元，降低了 64.18 万元，占工程总投资的 12.15%，折合到每平方米供热面积的管网投资可降低 1.12 元。

当然，节约管网的初投资与原管网的规模、设计水平、阻力平衡状况有很大关系，如果原管网的管径大、设计时平衡性不好，节约的资金会增高，反之，节约的资金会减少。以平均按每平方米节约 0.5 元来计算，设计 $10 \times 10^4 m^2$ 的管网即可收回 5 万元资金。

8.3.2 优选阀门口径，节约管网调节改造资金

由仿真计算的结果（表 8-3），可见系统失调严重，必须进行调节改造。较大范围的调换管径的方案是不可行的，加装调节阀的方案比较经济。五家庄供热系统利用传统的方法和仿真计算的结果，选择的流量控制阀型号见表 8-2。

表 8-2 五家庄供热系统流量控制阀型号

站 名	9	11－1	11－2	11－3	12	13	草场街
传统选型法	DN250	DN150	DN200	DN150	DN250	DN250	DN250
仿真选型法	DN200	DN150	DN200	DN125	DN100	DN200	DN200

传统选型法的调节改造资金为 7.9 万元，利用仿真选型法的调节改造资金为 5.1 万元，后者节约资金 2.8 万元。约占支线

管网改造资金的35.4%。

8.3.3　指导初调节，节约供热量，降低供热成本

唐山热力总公司市区供热公司是以市区热电厂为热源，现有供热面积$437 \times 10^4 m^2$，73座热力站，主管径DN1200，有四条主要的分支，担负着唐山市中心区居民和公建单位的供热任务。了解市区电厂系统的水力工况的变化情况。

以市区电厂供热系统为例，基本参数如下：

（1）供热建筑面积：$437 \times 10^4 m^2$；

（2）一次网设计供/回水温度：110/70℃；

（3）二次网设计供/回水温度：95/70℃；

（4）一次网运行供/回水温度：97/57℃；

（5）二次网混水运行供/回水温度：82/57℃；

（6）管网的原始参数见表8-3；

（7）选定流量：7280t/h；

（8）混水比：0.6；

（9）调节前热网运行流量：8400t/h。

表8-3　市区供热系统仿真调节前后典型站流量表

站　名	煤医	13	66-2	68-2	唐钢	70-1	乙区	甲二	56-1	33	丁区
理论流量/$t \cdot h^{-1}$	137	97.7	84.2	146.6	32	135.3	211.5	167.6	110.1	150.1	251.6
调节前流量值/$t \cdot h^{-1}$	177.5	118.5	101	167.9	58.1	119.7	141.7	125.7	91.4	157.6	186.2
相对流量比	1.31	1.22	1.2	1.15	1.19	1.18	0.67	0.75	0.83	1.05	0.74
调节后流量值/$t \cdot h^{-1}$	150.7	106.5	90.1	156.2	34.6	147.5	169.2	150.9	101.3	151.6	216.4
相对流量	1.1	1.09	1.07	1.07	1.08	1.09	0.81	0.9	0.92	1.01	0.86

典型站流量参数如图8-7所示。

经过全自控仿真运算，利用各个热力站的剩余压差，进行优化选择阀门型号，利用阀门特性设定阀门开度，进行管网初调节。通过现场人员的调节，将热网流量调节到7640t/h，且水利失调度接近1。2000~2001年度采暖季室外平均温度为-0.815℃，运行

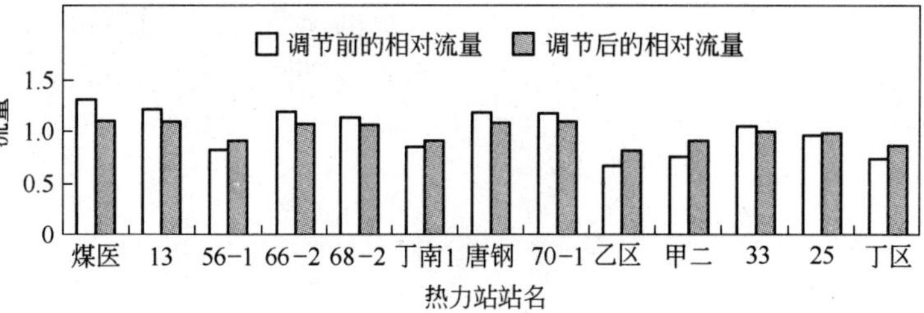

图 8-7　典型站调节前后相对流量图

134 天。当室外温度为 -0.815℃时，热网供回水温度为 72/48℃，这样经过调节后，市区系统采暖季节热量节省为：

$$(8400-7640)\times 1000\times (72-48)\times 24\times 134$$
$$\approx 5.866\times 10^{10}\text{kcal}=2.454\times 10^{11}\text{kJ}$$

电厂售热价为 9 元/GJ，年可节约 221 万元。

如果以节约的流量去扩供面积，可扩供面积为：

$(8400-7640)\div(7640\div 437)=43.47\times 10^4\text{m}^2$

按热力公司售热价 20 元/m^2、收费率 90% 计算可收入：

$43.47\times 10^4\div 1.33\times 20\times 90\%=588.3$ 万元

其中，1.33 为建筑面积折算到使用面积的折算系数。

8.3.4　社会效益分析

缩短校核系统的水力工况和编制供热方案的时间。热负荷发展迅速，而且发展的不平衡性比较明显，大网的水力工况每年都在发生变化，为了了解大网的水力工况变化，编制确实可行的供热运行、调节方案。两名专业技术人员重新校核大网的阻力，约 5 ~7 天有结果。利用仿真系统从原始数据的统计、分类排序及输入到计算结果的输出时间为 2 天。以后，只要把变化和新增的原始数据一次性输入即可，计算机几分钟便可计算出结果。缩短水力计算的时间，并且提高了计算的准确度，提高工作效率。利用楼宇、房间的仿真可以指导供热运行参数的修订，节约供热量，降低供热成本。

总之，仿真系统软件对供热系统的运行、优化设计具有很强的指导作用，并能降低运行成本、节约工程投资、提高工作效率，经济效益和社会效益明显。

8.4　本章小结

从上述环节建模可以看出，我们是按照大系统理论中的中粒度这一层次水平建模的，对更细节的对象（如阀门、弯头、除污器等）进行了合理的转化，这使得环节模型清楚，数学模型实用。分别提出了房间仿真的动力模型、楼宇单管垂直串联系统实际运行时的超越数学方程，提出了房间仿真的动力模型。数学模型的建立依靠机理与实验相结合的方法，充分考虑了对运行实践当中的一些影响因素的修正，使仿真结果更能与实际运行工况吻合，为下一步多热源供热系统仿真打下了较好的基础。

求解算法简单、高效、先进。在房间动态仿真、热力站动态仿真中还用了“解析-数值”解法，即首先通过“解析”的方法推导出较简单的递推方程组，再用“数值计算”的方法求解该递推方程组，使求解方法大为简化，提高了计算效率。在热网仿真中运用了“逻辑推理-数值计算”解法，即边判断逻辑关系边数值计算，使算法有了“智能”，避免大型矩阵的运算，简化了求解步骤，减少了计算量。

整个仿真系统综合了多种软件，涉及多程序接口问题，应用了信息融合技术的思想，使信息传递平稳流畅。从热工专业角度考核该仿真系统，其软件功能齐全强大，可以基本完成供热工程中从实验、咨询、设计、调试、参数设定、优化调度、优化运行到供热系统的管理、技术改造以及教学、科研等各种相关问题，可为工程招标提供强有力的支持，目前第一版系统仿真软件运行良好，现场使用满意，具有很好的推广应用前景。

后　记

结合供热大系统仿真的实际课题，充分利用最新的仿真理论和方法，研制出了符合实际的工程软件，之后，针对实际工作中的理论问题研究新理论、新方法以提高理论水平和工程水平，进而促进理论在工程中的应用。

工程上对供热系统中的房间、楼宇、热力站建立了动静态模型，利用神经网络辨识方法得到更加准确的模型，取得了合理的结果；建立了热网的静态模型和相应的拟人快速求解方法；提出了热网最经济运行模型，为供热调度提供了可靠的依据。

理论上在人工智能、智能仿真、智能管理等方面做了进一步的研究，提出一种供热大系统人机协同、智能结合、可视化交互的动态智能仿真系统（DISS）的总体方案并进行了建模和数值求解工作，提出了基于人工神经网络的精确智能仿真模型，建立了基于遗传模拟及分解协调实时优化算法的供热大系统的最经济运行模型和方案，研究了基于多智体多库协同的一种虚拟现实仿真界面的构建技术，给出了基于该技术的供热大系统智能仿真系统设计与实现的应用实例。

在上述研究的基础上，下面是有待进一步研究的几个问题：

(1) 多热源供热系统的分析、设计问题；

(2) 热网中故障诊断问题。

随着经济的不断发展、技术的不断进步，相信在不久的将来这些问题将会得到解决。

参考文献

[1] Cox, Benita. Intelligent interface for simulation design. Journal of Intelligent Systems. 5.2 ~4 1995, p. 203 ~223.

[2] Interrante, Leslie D. Reasoning in time and space: Issues in interfacing a graphic computer simulation with an expert system for an intelligent simulation training system. Winter Simulation Conference Proceedings Dec 4 – 6 1989, p. 1102 ~1106, 0275 ~0708.

[3] Kom G A. Digital Continuous System Simulation. Prentice-Hall, 1978.

[4] Law A M, Kelton W D. Simulation Modeling and Analysis. Mcgraw-Hill, 1991.

[5] Lyu J (Natl Cheng Kung Univ), Gunasekaran A. Intelligent simulation model to evaluate scheduling strategies in a steel company. International Journal of Systems Science v. 28 n. 6 Jun. 1997, p. 611 ~616.

[6] Malhotra, Rashmi, Mellichamp, Joseph M. Intelligent simulation code generator: A relational database management approach. Journal of Intelligent Manufacturing v. 8 n. 2 Apr. 1997, p. 125 ~136.

[7] Nils J. Nilsson, Artificial Intelligence a New Synthesis, China Machine Press, 1999.

[8] Russell S, and Norvig P. Artificial Intelligence: A Modern Approach, Englewood Cliffs, NJ: Prentice hall, 1995 (Revised edition to appear in 1998).

[9] Tu Yaqing. Design method for a novel human Simulation Intelligent Controller. Proceedings of the IEEE International Conference on Intelligent Processing Systems, ICIPS v. 1 Oct. 28 ~31 1997, p. 745 ~749.

[10] Zhao Feng, Bailey-Kellogg Chris, Huang Xingang, Ordonez Ivan. Intelligent simulation tools for mining large scientific data sets. New Generation Computing, 1999, 17 (4), p. 333 ~347.

[11] James Cremer, Joseph Kearney, Yian Nis Papelis, Driving Simulation: Challenges for VR Technology. IEEE Computer Graphic and Application, September 1996, 4.

[12] Michael Neil, Mike Rosen, Associates. Architectural Virtual Reality Applications. Computer Graphics, November, 1996.

[13] Tushar H Dani, Rajit. Creation of Concept Shape Designs via a Virtual Reality Interface [J]. Computer-aided Design, 1997.

[14] S N Trika, P Baner Jeet, R L Kashyapt. Virtual Reality Interfaces for Feature-based Computer Aided Design Systems [J]. Computer-aided Design, 1997.

[15] Sankar Jayaram, Hugh I Connacher, Kevin W Lyoms. Virtual Assembly Using Virtual Reality Techniques [J]. Computer-aided Design, 1997.

[16] 曾建超，俞志和，等. 虚拟现实的技术及其应用 [M]. 北京：清华大学出版社，1996.

[17] 史忠植. 知识工程 [M]. 北京：清华大学出版社，1988.

[18] 史忠植. 高级人工智能 [M]. 北京：科学出版社，1998.

[19] 刘贵全. 多 Agent 协作规划理论与应用的研究 [D]. 中国科学技术大学博士学位论文，1999.5.

[20] 刘藻珍，魏华梁. 系统仿真 [M]. 北京：北京理工大学出版社，1998.

[21] 江毅. 软计算中的协作和融合技术综述 [J]. 模糊系统与数学，1998 (4).

[22] 何江华. 计算机仿真导论 [M]. 北京：科学出版社，2001.

[23] 吴旭光，王新民. 计算机仿真技术与应用 [M]. 西安：西北工业大学出版社，1998.

[24] 吴重光. 过程系统仿真技术 [M]. 北京：中国石化出版社，1998.

[25] 张茂军. 虚拟现实系统 [M]. 北京：科学出版社，2001.

[26] 李艾华，张玉祥，屈梁生. 改进的决策树生成算法在电路板故障诊断中的应用 [J]. 西安电子科技大学学报，1999，26 (5).

[27] 李伯虎，文传源. 系统仿真技术新动向 [J]. 计算机仿真，1996，13 (3).

[28] 李洪举，吴恩华. 一种用于室内虚拟环境的新表示[J]. 软件学报，1998，9 (9).

[29] 李敏强，徐博艺，寇纪松. 遗传算法与神经网络的结合 [J]. 系统工程理论与实践，1999 (2).

[30] 杨杰. 系统仿真的新技术探讨——(1) 虚拟现实 [J]. 计算机仿真，1996，13 (1).

[31] 杨杰. 系统仿真的新技术探讨——(2) 遗传算法 [J]. 计算机仿真，1996，13 (2).

[32] 杨杰. 系统仿真的新技术探讨——（3）人工智能 [J]. 计算机仿真，1996，13（3）.
[33] 汪成为，高文，王行人. 灵境（虚拟现实）技术理论、实现及其应用 [M]. 北京：清华大学出版社. 南宁：广西科学技术出版社，1996.
[34] 肖田元，张燕云，等. 系统仿真导论 [M]. 北京：清华大学出版社，2000.
[35] 肖勇. 用遗传算法构造决策树 [J]. 计算机研究与发展，1998，35（1）.
[36] 陆汝钤. 人工智能 [M]. 北京：科学出版社，1996.
[37] 陈国良. 遗传算法及其应用 [M]. 北京：人民邮电出版社，1996.
[38] 周炎勋. 虚拟现实技术综述 [J]. 计算机仿真，1996，13（1）.
[39] 林于一. 遗传算法在非线性约束优化问题上的应用 [J]. 机械设计与研究，1998（2）.
[40] 姚莉，等. 群体协作求解系统的设计与实现 [J]. 计算机工程与应用，1999（8）.
[41] 姜启源. 数学模型 [M]. 二版. 北京：高等教育出版社，1993.
[42] 段玉倩，贺家李. 遗传算法及其改进 [J]. 电力系统及其自动化学报，1998，10（1）.
[43] 涂序彦. 人工智能及其应用 [M]. 北京：电子工业出版社，1988.
[44] 涂序彦，霍玉梅. 面向知识经济的智能仿真技术 [J]. 计算机仿真，1999，16（3）.
[45] 涂序彦. 智能系统工程 [J]. 军事系统工程，1996（1）.
[46] 涂序彦. 智能管理 [M]. 二版. 北京：清华大学出版社，1997.
[47] 涂序彦. 大系统控制论 [M]. 北京：国防工业出版社，1994.
[48] 顾启泰. 应用仿真技术 [M]. 北京：国防工业出版社，1995.
[49] 顾启泰. 系统设计与仿真 [M]. 北京：清华大学出版社，1995.
[50] 曹先彬，等. 融合神经网络的一种改进遗传算法 [J]. 模式识别与人工智能，1999（4）.
[51] 阎平反，张长水. 人工神经网络与模拟进化计算 [M]. 北京：清华大学出版社，2000.
[52] 黄业清. 基于 Agent 的分布式智能协同设计系统的研究 [J]. 计算机工程与应用，1999（8）.
[53] 黄柯隶. 系统仿真技术 [M]. 北京：国防科学技术大学出版社，1998.

[54] 路海明，等. 基于 Agent 技术的个性化主动信息服务［J］. 计算机工程与应用，1999（6）.
[55] 熊光楞，肖田元，张燕云. 连续系统仿真与离散事件仿真［M］. 北京：清华大学出版社,1991.
[56] 熊光楞，彭毅. 先进仿真技术与仿真环境［M］. 北京：国防工业出版社,1997.
[57] 蔡自兴，徐光佑. 人工智能及其应用［M］. 北京：清华大学出版社，1996.
[58] 增建超，俞志和. 虚拟现实的技术及其应用［M］. 北京：清华大学出版社，1996.
[59] 张讲社，徐宗本，梁怡. 整体退火遗传算法及其收敛充要条件［J］. 中国科学（E 辑），1997，27（2）：154～164.
[60] 郑援，李思昆. 分布式虚拟现实系统中基本结构对象的分析［J］. 国防科技大学学报，1997，19（1）.
[61] 韦有双，王飞，冯允成. 虚拟现实与系统仿真［J］. 计算机仿真，1999，16（2）.
[62] 何峰，谢宗蕻，昂海松. VRML-Internet 上的虚拟现实标准［J］. 计算机仿真，1999，16（3）.
[63] 王寻羽，朱淼良. 智能机器人的分布式虚拟环境研究［J］. 计算机研究与发展，2000，37（6）.
[64] 于洪川，吴福朝，阮宗才，韦穗. VR 环境图像生成中几项关键技术研究［J］. 计算机研究与发展，1999，36（11）.
[65] 李洪举，吴恩华. 基于图像的室内虚拟环境的研究［J］. 计算机学报，1999，22（5）.
[66] 李红兵，张东摩，陈世福. 虚拟环境的系统设计方法及计算模型研究［J］. 计算机学报，1999，22（3）.
[67] 陈兆乾，李红兵，周戎，陈世福. 对 FTART 算法的研究及改进［J］. 软件学报，1997，8（4）.
[68] 李红兵，陈兆乾，陈世福. 面向对象的专家系统开发工具［J］. 软件学报，1997，8（增刊）.
[69] 王耀南，张昌凡. 复杂工业过程的遗传模糊神经网络控制［J］. 控制理论与应用，1999，16（6）.
[70] 寿黎但，陈文智，潘志庚，石教英. 基于多媒体图形终端的协同工作

[J]. 计算机辅助设计与图形学报，1999，11（6）.

[71] 马华东，赵琛. 基于时序逻辑的超文本描述 [J]. 计算机辅助设计与图形学报，1999，11（6）.

[72] 马华东，唐小平. 多媒体编著语言 MAL 的设计与实现 [J]. 软件学报，1998，9（12）.

[73] 赵春霞，杨静宇，王树国，蔡鹤皋，Y F LI. 基于多 Agent 的虚拟系统模型设计 [J]. 计算机辅助设计与图形学学报，2000，12（4）.

[74] 方志刚. 人机交互技术研究新进展 [J]. 计算机工程与设计，1998（2）.

[75] 李世华，吴福保，李奇. 一种基于动态人工神经网络的 Wieter 模型辨识 [J]. 控制理论与应用，1998，15（3）.

[76] 马颂德，张正友. 计算机视觉 [M]. 北京：科学出版社，1998.